工 事 担 任 者

DD3種
合格テキスト

資格試験研究会 編

梅田出版

も　く　じ

第1編　電気通信技術の基礎 ………………………………………… 1

第 1 章　電気回路　2

1－1　直流回路　2
1－2　静電気と静電誘導　7
1－3　コンデンサと静電容量　8
1－4　交流回路　10
1－5　各種交流回路の合成インピーダンス　12
1－6　磁界と電磁誘導　16

第 2 章　電子回路　18

2－1　半導体　18
2－2　ダイオード　21
2－3　トランジスタ　24

第 3 章　論理回路　29

3－1　10進数，2進数　29
3－2　基本論理素子　32
3－3　論理式とベン図　38

第 4 章　伝送理論　41

4－1　伝送量の求め方　41
4－2　反射とインピーダンス整合　45
4－3　雑音と漏話現象　46
4－4　各種ケーブルの伝送特性　47

第 5 章　伝送技術　48

5－1　信号の伝送　48
5－2　変調方式　49
5－3　パルス変調方式とPCM伝送　51
5－4　多重化伝送方式　54
5－5　光変調方式　55

基礎科目
工事担任者試験　過去問 1　56　　過去問 2　61　　過去問 3　66
　　　　　　　　過去問 4　71　　過去問 5　76

第2編　端末設備の接続のための技術及び理論 81

第 1 章　端末設備と接続工事の技術　82
- 1−1　ブロードバンド回線　82
- 1−2　ADSLモデム・スプリッタ　83
- 1−3　IP電話　85
- 1−4　VoIP　87
- 1−5　LAN　89
- 1−6　イーサネット　90
- 1−7　ネットワーク接続機器　93
- 1−8　PoE　95
- 1−9　無線LAN　98
- 1−10　光回線　100
- 1−11　接続工事の技術　103
- 1−12　屋内線固定・保護用器具類　106
- 1−13　床などの配線方式　107

第 2 章　ネットワークの技術　108
- 2−1　データ通信の基礎　108
- 2−2　ブロードバンドアクセスの技術　113
- 2−3　データ通信技術　119
- 2−4　IPネットワーク　124

第 3 章　情報セキュリティの技術　126
- 3−1　コンピュータウイルス　126
- 3−2　電子メールにおける危険要因　128
- 3−3　不正アクセス・不正行為　129
- 3−4　ファイアウォール　132
- 3−5　VPN　132

技術科目
工事担任者試験　過去問 1　133
　　　　　　　　過去問 2　138
　　　　　　　　過去問 3　142
　　　　　　　　過去問 4　146
　　　　　　　　過去問 5　150

第3編　電気通信技術の法規 ……………………………………… 155

第 1 章　電気通信事業法　*156*

第 2 章　工事担任者規則　*163*

第 3 章　端末機器の技術基準適合認定規則　*165*

第 4 章　有線電気通信法　*167*

第 5 章　有線電気通信設備令　*169*

第 6 章　不正アクセス行為の禁止等に関する法律　*171*

第 7 章　端末設備等規則 I　*174*

第 8 章　端末設備等規則 II　*180*

法規科目

工事担任者試験　過去問 **1**　*189*

過去問 **2**　*196*

過去問 **3**　*201*

過去問 **4**　*209*

過去問 **5**　*214*

索　引 ……………………………………………………………………… *221*

別冊解答

受 験 案 内

1. 試験科目

Ⅰ 「電気通信技術の基礎」

Ⅱ 「端末設備の接続のための技術及び理論」

Ⅲ 「端末設備の接続に関する法規」

それぞれの科目の満点は 100 点で合格点は 60 点以上です。

なお, 一定の資格又は実務経験を有する場合及び総務大臣の認定を受けた教育施設(認定学校)を修了した(修了見込を含む)者には, 申請により一部の試験科目が免除される場合があります。

2. 試験時間　　　　1 科目につき 40 分。

3. 出題方法　　　　択一式(マークシートを使用)。

4. 試験実施日, 「試験申請書」入手方法

工事担任者試験は, 年2回実施される。 (5月, 11月)

受験の申請や, 試験実施日, 試験の免除申請等, 受験に関する詳細については, 一般財団法人, 日本データ通信協会, 電気通信国家試験センターのホームページをご覧ください。

5. 試験結果の通知

試験結果は, 受験者全員に「試験結果通知書」(郵便)で通知するとともに, (財)日本データ通信協会の各事務所でも閲覧できる。

また, インターネット (http://www.shiken.dekyo.or.jp/) でも合否の検索ができる。

6. 試験問題及び解答

試験実施日の週の水曜日に, (財)日本データ通信協会 電気通信国家試験センターのホームページで公表される。

第1編

電気通信技術の基礎

第1章　電気回路

1-1　直流回路

(1) オームの法則

電気回路に流れる電流 I〔A〕は，電圧 V〔V〕に比例し，抵抗 R〔Ω〕に反比例する。これを**オームの法則**という。

$$I = \frac{V}{R}$$

$$V = IR$$

$$R = \frac{V}{I}$$

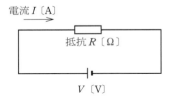

(2) 電気抵抗

導体の電気抵抗 R〔Ω〕は，長さ l〔m〕に比例し，**断面積 S〔m²〕**に反比例する。

抵抗率 ρ は，導体の種類や温度によって決まる定数である。

$$R = \frac{\rho l}{S} \qquad R = \rho \frac{l}{S}$$

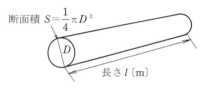

電気抵抗は，温度によって変化する。金属導体は，温度が上昇すると抵抗値も大きくなる。

(3) 電力量

電圧 V〔V〕と電流 I〔A〕の積を**電力 P〔W〕**という。

$$P = VI$$

電力は，単位時間当たりの仕事量であり，t 秒間の仕事量の総量を**電力量 W〔Ws〕**という。

$$W = Pt$$

抵抗 R の導体に電流 I が流れると 1 秒間に

$$P = V \times I = IR \times I = I^2 R$$

の熱量が発生する。したがって，この導体に t 秒間電流を流した場合に発生する熱量すなわち電力量 W は，

$$W = I^2 R t$$

このとき発生する熱を，**ジュール熱**〔J〕という。

（4）許容電流

電線を安全に使用するため，流すことのできる限界の電流値のことを**許容電流**という。この許容電流は，電線の種類，太さ及び周囲温度によって異なる。一般には，許容電流以上に流さないようにヒューズやブレーカーを電線の途中に接続する。

（5）直流回路の計算

① 抵抗の直列接続

抵抗 R_1 と R_2 を直列に接続した場合の合成抵抗 R 値は，各抵抗値の和である。

$$R = R_1 + R_2$$

各抵抗に流れる電流 I_1 と I_2 の大きさは，等しくなる。

$$I_1 = I_2$$

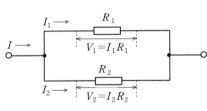

直列接続の合成抵抗

また，電圧は直列接続の各抵抗の大きさに比例する。

$$V_1 : V_2 = R_1 : R_2$$

② 抵抗の並列接続

抵抗 R_1 と R_2 を並列に接続した合成抵抗 R 値は，各抵抗値の**逆数の和の逆数**である。

$$R = \cfrac{1}{\cfrac{1}{R_1} + \cfrac{1}{R_2}}$$

2個並列の場合

$$R = \frac{R_1 \times R_2}{R_1 + R_2} \text{（和分の積）}$$

$$I = \frac{V}{R}$$

$$I = I_1 + I_2$$

よって各抵抗を流れる電流は

$$I_1 = \frac{V}{R_1} \qquad I_2 = \frac{V}{R_2}$$

このとき，各抵抗に流れる電流 I_1，I_2 は，それぞれの抵抗値に反比例する。また，各抵抗には同一の電圧が加わる。

$$I_1 : I_2 = \frac{1}{R_1} : \frac{1}{R_2}$$

並列接続

③ 直並列回路の計算方法

直列接続と並列接続の組み合わされた回路では，各部分ごとに合成抵抗を計算していく。

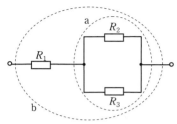 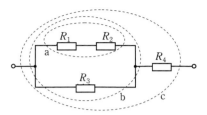

a. $\dfrac{R_2 R_3}{R_2+R_3}$

b. $R_1+\dfrac{R_2 R_3}{R_2+R_3}$

a. $R_a = R_1 + R_2$

b. $R_b = \dfrac{R_a R_3}{R_a + R_3}$

c. $R = R_b + R_4$

④ 多段直並列回路の計算法

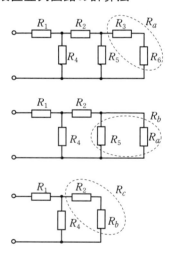

$R_a = R_3 + R_6$

$R_b = \dfrac{R_a R_5}{R_a + R_5}$

$R_c = R_b + R_2$

以下，同じように

$R_d = \dfrac{R_c R_4}{R_c + R_4}$

$R = R_d + R_1$

多段直並列回路Ⅰ

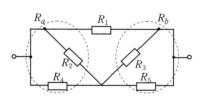

$R_a = \dfrac{R_2 R_4}{R_2 + R_4}$

$R_b = \dfrac{R_3 R_5}{R_3 + R_5}$

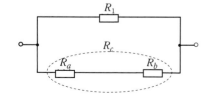

$R_c = R_a + R_b$

$R = \dfrac{R_1 R_c}{R_1 + R_c}$

多段直並列回路Ⅱ

例題1

図に示す回路において，抵抗 R_1 が何 $[\Omega]$ のとき，抵抗 R_3 を流れる電流は $5[A]$ となるか。ただし，電池の内部抵抗は無視する。

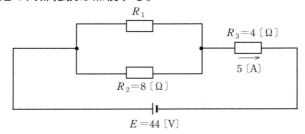

解説

右図のように回路の接続点を a，c，b とし，それら2点間の電圧を V_{ab}，V_{bc} とすると，
$V_{ab} = 5 \times R_3 = 5 \times 4 = 20 [V]$

また，$E = V_{ab} + V_{bc}$ であるから，
$44 = V_{ab} + 20 \qquad \therefore V_{bc} = 24 [V]$

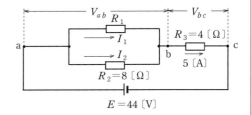

抵抗 R_2 に流れる電流を I_2 とすると，その両端の電圧は $V_{ab} = I_2 R_2$ であるから，
$24 = I_2 \times 8 \qquad \therefore I_2 = 3 [A]$

抵抗 R_1 に流れる電流 I_1 は，$I_1 = 5 - I_2 = 5 - 3 = 2 [A]$
$\therefore R_1 = \dfrac{V_{ab}}{I_1} = \dfrac{24}{2} = 12 [\Omega]$

解答　12 [Ω]

例題2

次の回路図において，端子 a−b 間の合成抵抗は何 $[\Omega]$ か。

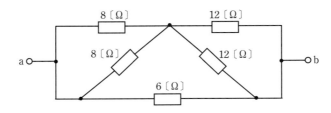

解説

$R_a = \dfrac{8 \times 8}{8 + 8} = 4 \qquad R_b = \dfrac{12 \times 12}{12 + 12} = 6 \qquad R_c = R_a + R_b = 10$

$R = \dfrac{10 \times 6}{10 + 6} = 3.75$

解答　3.75 [Ω]

（6）電流計と分流器

電流計 Ⓐ は，下図のように測定場所に直列になるように接続し，回路の電流を測定する。

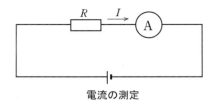

電流の測定

分流器は，電流計に並列接続された抵抗であり，これによって測定範囲を拡大できる。

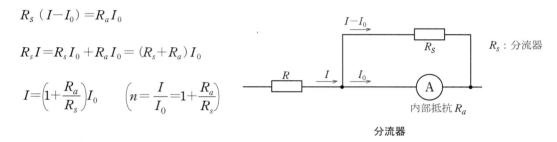

$$R_s(I-I_0) = R_a I_0$$

$$R_s I = R_s I_0 + R_a I_0 = (R_s + R_a) I_0$$

$$I = \left(1 + \frac{R_a}{R_s}\right) I_0 \qquad \left(n = \frac{I}{I_0} = 1 + \frac{R_a}{R_s}\right)$$

分流器

$1 + R_a/R_s$ を分流器の倍率 n といい，例えば1〔A〕まで測定できる電流計に $R_s = R_a$ の分流器を接続すると倍率が2倍となり，2〔A〕まで測定できる。

（7）電圧計と倍率器

電圧計 Ⓥ は，回路の電圧を測定する。測定場所に並列になるように接続する。

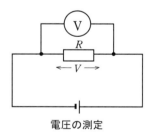

電圧の測定

倍率器は，電圧計に直列接続された抵抗であり，これによって測定範囲を拡大できる。

$$\frac{(V-V_0)}{R_m} = \frac{V_0}{R_V} \implies (V-V_0) R_V = V_0 R_m$$

$$V R_V = V_0 R_V + V_0 R_m$$

$$V = \left(1 + \frac{R_m}{R_V}\right) V_0 \qquad \left(m = \frac{V}{V_0} = 1 + \frac{R_m}{R_V}\right)$$

倍率器

$1 + R_m/R_V$ を倍率器の倍率 m といい，例えば100〔A〕まで測定できる電流計に $R_m = R_V$ の倍率器を接続すると倍率が2倍となり，200〔A〕まで測定できる。

1-2 静電気と静電誘導

異なる二つの物体をこすりあわせたときに，発生する電気を**静電気**といい，物体が静電気を帯びることを**帯電**するという。それぞれの物体には，帯電によって電気を帯びた極めて小さい粒子が発生したと考え，これを**電荷**という。電荷の電気量の単位を〔C〕（クーロン）で表す。

(1) クーロンの法則，比例定数

二つの電荷間に働く力を**静電気力**という。それぞれの**電荷の積に比例し，電荷間の距離の二乗に反比例する**。これを**クーロンの法則**という。

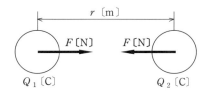

二つの電荷 Q_1〔C〕，Q_2〔C〕が真空中で r〔m〕の距離にあるとき，それぞれの電荷に働く静電気力 F〔N（ニュートン）〕は，次の式で表される。

$$F = \kappa \times \frac{Q_1 Q_2}{r^2}$$ κ：比例定数（9×10^9）

(2) 静電誘導

導体に帯電した物体を近づけると，近い方の端に反対の極の電荷が発生し，両者の間には引き合う力が働く。これを**静電誘導**という。

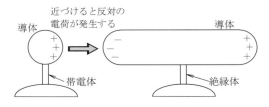

電力線から誘導作用によって通信線に静電誘導電圧が誘起される。

(3) 電流・電圧

電流は，導体を移動する**負電荷（自由電子）**である。t 秒間に Q〔C〕の電荷が導体の断面を移動したとき，電流 I〔A〕は次の式で表される。

$$I = \frac{Q}{t}$$

1-3 コンデンサと静電容量

(1) 蓄えられる電気量

2枚の板状の導体を向い合せにしておき，一方にプラス，他方にマイナスの電源を接続すると，それぞれの導体板にはプラスとマイナスの電荷が流れ込む。導体板に流れ込んだ電荷は，静電気力により互いに吸引しあうので，この後電源を取り外しても電荷は無くならず蓄えられることになる。この電荷を蓄えることができる1組の導体板の組み合わせを**コンデンサ**といい，2枚の導体板を極板という。

コンデンサに蓄えることのできる電荷量 Q〔C〕(クーロン) とコンデンサの両極板間の電位差 V〔V〕，比例定数 C の間には次式の関係が成り立つ。

$$Q〔C〕= C〔F〕V〔V〕$$
クーロン　ファラド　ボルト

この比例定数 C を導体の静電容量 F (ファラド) という。

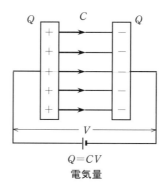

$Q = CV$
電気量

(2) 静電容量

コンデンサの静電容量は，極板間に挟んだ絶縁物(誘電体)の種類により異なる。

右図に示すように，極板の対向面積を S〔m²〕，極板の間隔を d〔m〕，絶縁物の種類により異なる誘電率を ε (イプシロン：単位 F/m) とすると，静電容量 C〔F〕は，

$$C〔F〕= \varepsilon \frac{S}{d}$$

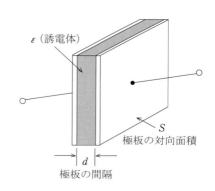

コンデンサの静電容量を大きくするには、次のような方法がある。

① 電極板の間隔を狭くする。
② 電極板の面積を大きくする。
③ 電極板間に誘電率の値が大きい物質を挿入する。

（3）合成静電容量

① コンデンサの直列接続

　　直列接続しているコンデンサの合成静電容量 C は，各コンデンサの静電容量 C_1, C_2 の逆数の和の逆数である。

$$C = \frac{1}{\frac{1}{C_1} + \frac{1}{C_2}} \qquad 2\text{個の場合 } C = \frac{C_1 C_2}{C_1 + C_2}$$

直列接続

② コンデンサの並列接続

　　並列接続しているコンデンサの合成静電容量 C は各コンデンサの静電容量 C_1, C_2 の和である。

$$C = C_1 + C_2$$

並列接続

（4）コンデンサに蓄えられるエネルギー

　　静電容量 C〔F〕のコンデンサに，電気量 Q〔C〕を蓄えたときのコンデンサの両端の電圧を V（ボルト）とすると，蓄えられるエネルギー W〔J〕は，

$$W〔\text{J}〕= \frac{1}{2}QV$$

$$= \frac{1}{2}CV^2 \text{〔ジュール〕}$$

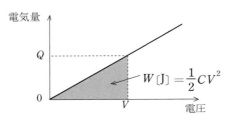

1-4 交流回路

(1) 交流

電流，電圧の大きさと向きが時間に対して一定になっているものを**直流**といい，それに対して，大きさと正負の極が時間とともに変化するものを**交流**という。

交流の波形は，正弦（sin）曲線となるので**正弦波**という。交流で正弦波でない波形を**非正弦波**または**ひずみ波**という。このうち周波数の最も低いものを**基本波**といい，これら以外を**高調波**という。

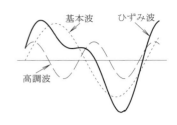

周期と周波数

交流が，ある値から元の状態に戻るまでを**周期**といい，T 秒で表される。1秒間の周期の数を**周波数** f といい，単位は〔Hz〕（ヘルツ）で表される。周期 T と周波数 f には次式が成り立つ。

$$T〔秒〕=\frac{1}{f〔Hz〕}$$

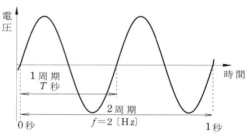

交流波形

(2) 最大値と実効値

(a) 位相

ϕ〔rad〕を**位相差**といい電気的な角度のずれを表す。

(b) 瞬時値

正弦波の交流電圧を式で表すと，交流の電圧 e は，E_m から $-E_m$ まで変化するが，ある瞬間の電圧を**瞬時値** e といい，この最大の値を**最大値** E_m という。

$$e = E_m \sin(\omega t + \phi)$$

$$\underbrace{\omega〔rad/s〕}_{\text{角周波数}} = 2\pi \underbrace{f}_{\text{周波数}}$$

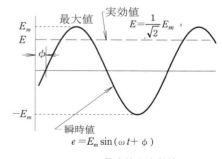

最大値と実効値

(c) 実効値

実効値 E とは，交流電力が仕事をするとき，直流と同等値に相当するものである。最大値 E_m とは次の関係がある。

$$E = \frac{1}{\sqrt{2}} \times E_m \fallingdotseq 0.707 \times E_m$$

（3）インピーダンス

交流回路では，コンデンサやコイルも抵抗と同じように，交流電流の流れを妨げる。この流れにくさを**リアクタンス**といい，単位は〔Ω〕で表される。抵抗値とリアクタンスの組み合わせを**インピーダンス** Z〔Ω〕という。

① 抵　抗

交流回路において，交流電圧 V，交流電流 I，抵抗 R のとき，**直流回路と同じようにオームの法則が成り立つ。**

$V=IR$

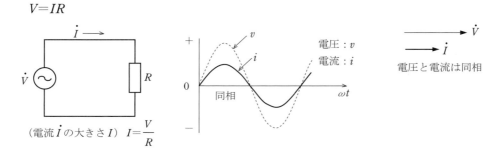

（電流 $\dot{i}$ の大きさ I）　$I=\dfrac{V}{R}$

電圧：v
電流：i

電圧と電流は同相

② コイル

誘導性リアクタンス X_L は**コイルによる**リアクタンスのことである。コイルに加わる**交流電流の位相は，交流電圧に対して $\dfrac{\pi}{2}$〔rad〕（＝90度）遅れる。**

$X_L = \omega L = 2\pi f L$〔Ω〕

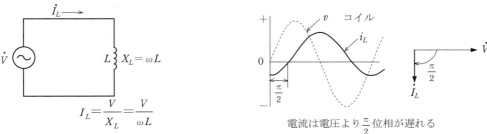

$I_L = \dfrac{V}{X_L} = \dfrac{V}{\omega L}$

電流は電圧より $\dfrac{\pi}{2}$ 位相が遅れる

③ コンデンサ

容量性リアクタンス X_C は**コンデンサによる**リアクタンスのことである。コンデンサに加わる**交流電流の位相は，交流電圧に対して $\dfrac{\pi}{2}$〔rad〕（＝90度）進む。**

$X_C = \dfrac{1}{\omega C} = \dfrac{1}{2\pi f C}$〔Ω〕

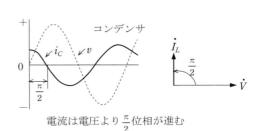

$I_C = \dfrac{V}{X_C} = \omega C V$

電流は電圧より $\dfrac{\pi}{2}$ 位相が進む

1-5　各種交流回路の合成インピーダンス

（1）交流直列回路の合成インピーダンス

（a）　**RL直列回路**

抵抗とコイルの直列回路に交流電圧を加えたとき，流れる電流 $\dot{I}$ の位相は，電圧 $\dot{V}=\dot{V}_R+\dot{V}_L$ の位相に比較して位相 θ **遅れている**。

また，交流電流 I に対して，抵抗 R に加わる交流電圧 V_R は同位相であり，コイル L に加わる交流電圧 V_L は位相が $\pi/2$ 進む。このときの交流電圧 V は，

$$V=\sqrt{V_R{}^2+V_L{}^2}=\sqrt{(RI)^2+(X_LI)^2}=I\sqrt{R^2+X_L{}^2}$$

したがって，R と L の合成インピーダンス Z〔Ω〕は，

$$Z〔Ω〕=\sqrt{R^2+X_L{}^2} \quad ………①$$

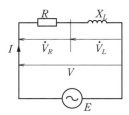

直列は，I が等しいので I を基準に考える。

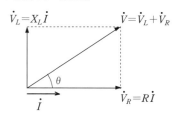

（b）　**RC直列回路**

抵抗とコンデンサの直列回路に交流電圧を加えたとき，流れる電流 $\dot{I}$ の位相は，電圧 $\dot{V}=\dot{V}_R+\dot{V}_C$ の位相に比較して位相が θ **進んでいる**。

また，交流電流 I に対して，抵抗 R に加わる交流電圧 V_R は同位相であり，コンデンサ C に加わる交流電圧 V_C は位相が $\pi/2$ 遅れる。このときの交流電圧 V は，

$$V=\sqrt{V_R{}^2+V_C{}^2}=\sqrt{(RI)^2+(X_CI)^2}=I\sqrt{R^2+X_C{}^2}$$

R と X_C の合成インピーダンス Z〔Ω〕は，

$$Z〔Ω〕=\sqrt{R^2+X_C{}^2} \quad ………②$$

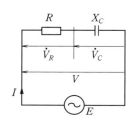

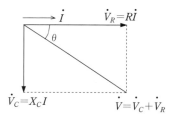

（c）　**RLC直列回路**

交流電圧 V は，

$$V=\sqrt{V_R{}^2+(V_L-V_C)^2}=\sqrt{(RI)^2+(X_LI-X_CI)^2}$$
$$=I\sqrt{R^2+(X_L-X_C)^2}$$

R，X_L，X_C の合成インピーダンス Z〔Ω〕は，

$$Z〔Ω〕=\sqrt{R^2+(X_L-X_C)^2} \quad ………③$$

ここで，V と I の関係をみると，X_L が X_C より大きいときは，V は I に対して位相が進み，反対に X_L が X_C より小さいときは，V は I に対して位相が遅れることになる。

また，**$X_L=X_C$ のとき，合成インピーダンス Z が最小になり，流れる電流が最大となる**。

この状態を直列回路の**共振**という。

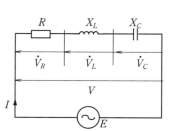

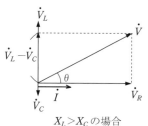

$X_L>X_C$ の場合

第1章 電気回路

例題1

　下図の端子 a−b 間に，20〔V〕の交流電圧を加えたとき，抵抗 R に流れる電流が 2〔A〕であった。この回路の誘導性リアクタンス X_L は，何〔Ω〕か。

a ○——　$R=8\,Ω$　——　X_L　——○ b

解説

　端子 a−b 間のインピーダンス Z は，20〔V〕の電圧を加えたとき，2〔A〕の電流が流れることから，

$$Z = \frac{V}{I} = \frac{20}{2} = 10 \;〔Ω〕$$

　また，①式より $Z = \sqrt{R^2 + X_L{}^2}$ であるから

$$10 = \sqrt{8^2 + X_L{}^2}$$

　両辺を 2 乗して整理すると，

$$10^2 = 8^2 + X_L{}^2 \qquad\qquad X_L{}^2 = 10^2 - 8^2$$

　誘導性リアクタンス X_L は，

$$X_L = \sqrt{10^2 - 8^2} = 6 \;〔Ω〕$$

解答　**6〔Ω〕**

例題2

　下図に示す回路において，a−b 間に，交流電圧 140〔V〕を加えたとき，この回路に流れる電流は何〔A〕か。

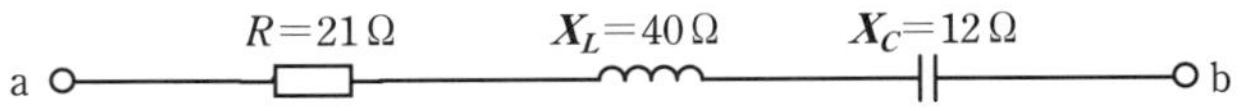

a ○——　$R=21\,Ω$　——　$X_L=40\,Ω$　——　$X_C=12\,Ω$　——○ b

解説

　抵抗 R，誘導性リアクタンス X_L，容量性リアクタンス X_C の直列回路であるから，その合成インピーダンス Z は③式より，

$$Z = \sqrt{R^2 + (X_L - X_C)^2} = \sqrt{21^2 + (40-12)^2} = \sqrt{21^2 + 28^2}$$

$$= 7\sqrt{3^2 + 4^2} = 35 \;〔Ω〕$$

　したがって，この回路に流れる電流 I は，

$$I = \frac{140}{35} = 4 \;〔A〕$$

解答　**4〔A〕**

（2）並列回路の合成インピーダンス

(a) *RL* 並列回路

交流電圧 V に対して，抵抗 R を流れる交流電流 I_R は同位相であり，コイル L に流れる交流電流 I_L は位相が $\pi/2$ 遅れる。このときの交流電流 I は，

$$I = \sqrt{I_R^2 + I_L^2}$$

$$= \sqrt{\left(\frac{V}{R}\right)^2 + \left(\frac{V}{X_L}\right)^2} = V\sqrt{\left(\frac{1}{R}\right)^2 + \left(\frac{1}{X_L}\right)^2}$$

$I = \dfrac{V}{Z}$ なので合成インピーダンス Z は，

$$Z = \frac{1}{\sqrt{\left(\frac{1}{R}\right)^2 + \left(\frac{1}{X_L}\right)^2}}$$

$$= \frac{RX_L}{\sqrt{R^2 + X_L^2}} \; [\Omega] \quad \cdots\cdots\cdots ④$$

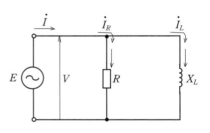

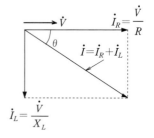

(b) *RC* 並列回路

交流電圧 V に対して，抵抗 R を流れる交流電流 I_R は同位相であり，コンデンサ C に流れる交流電流 I_C は位相が $\pi/2$ 進む。このときの交流電流 I は，

$$I = \sqrt{I_R^2 + I_C^2}$$

$$= \sqrt{\left(\frac{V}{R}\right)^2 + \left(\frac{V}{X_C}\right)^2} = V\sqrt{\left(\frac{1}{R}\right)^2 + \left(\frac{1}{X_C}\right)^2}$$

コンデンサの容量性リアクタンスを X_C とすると，

$$Z = \frac{V}{I} = \frac{1}{\sqrt{\left(\frac{1}{R}\right)^2 + \left(\frac{1}{X_C}\right)^2}}$$

$$= \frac{RX_C}{\sqrt{R^2 + X_C^2}} \; [\Omega] \quad \cdots\cdots\cdots ⑤$$

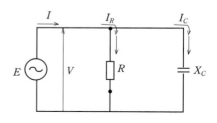

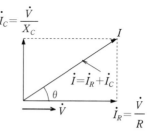

例題

図に示す回路において，交流電圧 I が 10〔A〕のとき，この回路の端子 a−b 間に現れる電圧は，何〔V〕か。

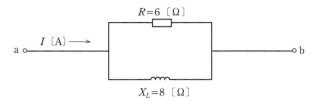

解説

並列回路におけるインピーダンス Z は，④式より

$$Z = \frac{RX_L}{\sqrt{R^2 + X_L^2}}$$

$$Z = \frac{6 \times 8}{\sqrt{6^2 \times 8^2}} = \frac{48}{\sqrt{100}} = 48 〔\Omega〕$$

$Z = 4.8$〔Ω〕　$I = 10$〔A〕であるから，交流回路のオームの法則に代入すると，

$$E = ZI = 4.8 \times 10 = 48 〔V〕$$

解答　48〔V〕

(3) 直列共振回路と並列共振回路

下図に示す (a)，(b) において，抵抗 R，インダクタンス L のコイル，静電容量 C のコンデンサを直列又は並列に接続し，電源周波数を変化させたとき，ある周波数において誘導リアクタンスと容量リアクタンスが等しくなり，リアクタンス分が互いに打ち消し合って，0 となる。

そこで，インピーダンスは抵抗分 R のみとなる。

このときの周波数を共振周波数 f_0〔Hz〕という。

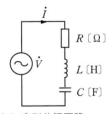

$\omega_0 L = \dfrac{1}{\omega_0 C}$ のとき共振 ($\omega_0 = 2\pi f_0$：角周波数)

⇩

インピーダンス $Z = R$ で最小

⇩

最大電流が流れ，V と I は同相

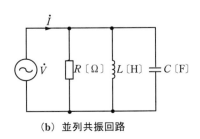

$\omega_0 L = \dfrac{1}{\omega_0 C}$ のとき共振

⇩

インピーダンス $Z = R$ で最大

⇩

最小電流が流れ，V と I は同相

1-6 磁界と電磁誘導

(1) 磁界・磁力線

磁石の周りには磁気力が働く。この空間を**磁界**という。磁界の方向を表したものが**磁力線**である。磁力線は，N極から出て，S極に入る。

また，異なった極の磁力線は引き合い，同じ極の磁力線は反発し合う。

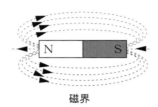

磁界

(2) 右ねじの法則

直線導体に電流を流すと，その周りに磁界ができる。磁界は，導体を中心に同心円状にできる。電流が右ねじの進む方向に流れているとき，磁界の方向は右ねじの回転方向になる。

また，右ねじの回転方向コイルに電流を流すと，ねじの進む方向に磁界が発生する。

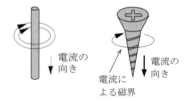

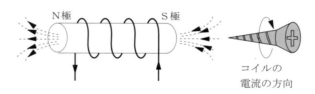

(3) 電磁力・フレミングの左手の法則

磁界におかれた導体に電流を流すと，導体は**フレミングの左手の法則**による一定方向の力が働く。これを**電磁力**という。

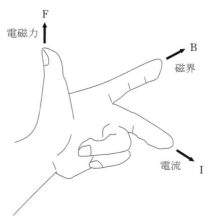

（4）平行電線に働く力

2本の導線が平行に置かれたとき，両方の導線の電流が同方向の場合は，吸引力が働き，異なる場合は，反発力が働く。

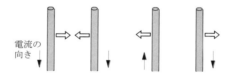

（5）起磁力と磁気回路

（a）磁束

鉄心にコイルを巻き，電流を流すと鉄心中に磁界が発生する。磁界の磁気的な線を**磁束** ϕ という。このように鉄心に磁束が発生する状態を磁気回路という。ここで，コイルと，コイルに流れる電流が磁束を発生する力となるので，**起磁力**といい，コイルの巻き数と電流の積で表す。

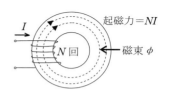

起磁力 $NI =$ コイルの巻き数 N × 電流 I 〔A〕

（b）磁気抵抗

磁気回路で磁束は起磁力に比例するが，その比例定数の逆数を**磁気抵抗**という。

磁気抵抗 $R_m = \dfrac{\text{起磁力} NI}{\text{磁束} \phi}$

（6）電磁誘導

コイルに磁石を近づけたり遠ざけたりしたとき，コイルと交わる磁束が変化するため起電力が発生する。このような現象を**電磁誘導**といい，発生した起電力を誘導起電力という。

誘導起電力は磁束の変化を妨げる電流の方向になる。

これを，「レンツの法則」という。

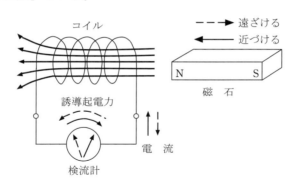

第2章　電子回路

2-1　半導体

　物質は，電気の通しやすさにより**導体**（通しやすい），**半導体**（通しにくい），**絶縁体**（通さない）という区別をすることがある。

　純度の極めて高いシリコン（Si），ゲルマニウム（Ge）などは隣り合った原子が互いに価電子を共通の電子として結合し（**共有結合**）絶縁体に近い性質を示すが，温度を上げると一部の電子が動き出し，電荷が移動できるようになる。また，常温でも少量の不純物を加えると共有結合を行う結晶中の電子に過不足が生ずることにより，**自由電子**や**正孔**（ホール）が生じてキャリアが生成されることにより**導電率が高まる**。

　半導体はこの現象を利用している。

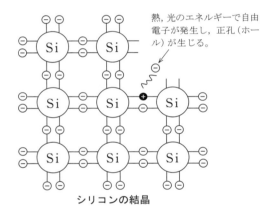

シリコンの結晶

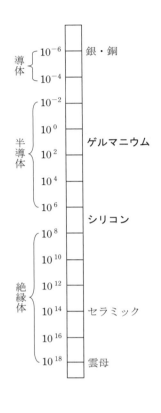

物質の抵抗率

1. 半導体の性質

（1）　負の温度係数
　　半導体は，**温度が上がると抵抗値が下がる**という性質を持ち，これを**負の温度係数**を持つという。この性質を利用したものに**サーミスタ**がある。

（2）　整流効果
　　異種の半導体を接合すると，電圧の方向によって電流が流れたり流れなかったりする性質をいい，交流から直流に変換する整流器などに利用される。

（3）　光電効果
　　当てられた**光の変化に対応して抵抗値が変化**する現象をいう。

（4）　熱電効果
　　異種の半導体を接合し，一方の接合部分を**加熱すると電圧が発生する**現象をいう。

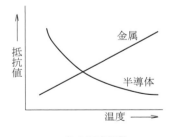

負の温度係数

2. 半導体の種類

(1) 真性半導体

代表的な半導体としてシリコン (Si)，ゲルマニウム (Ge) などがあり，これらのうち純度の極めて高いものを**真性半導体**という。

① 価電子

原子の構造の中で，**最も外側の軌道を周回する電子**をいう。

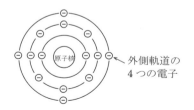

② 共有結合

隣り合う原子間で，**お互いに1個ずつ価電子を出し合って2個の価電子を共有し，結合すること**をいう。

4個の価電子を持つゲルマニウムやシリコンでは1つの原子がまわりの4つの原子とお互いに1個ずつ価電子を提供しあって結合している。この状態では，自由に動き回る自由電子がないため不導体となる。

ここで真性半導体の温度を上げると原子が振動し，一部の電子が共有結合から離れて動き回り，電気が流れる。

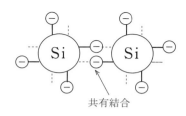

(2) n (negative) 形半導体

4価の原子の真性半導体に，ひ素 (As) などの5価の原子を少量の不純物（ドナー）として加えると，1個の**価電子が共有結合が出来ずに余る**。この余った価電子が**自由電子**として電荷を運ぶ**キャリア**となる。

自由電子は電気的には負の性質を持つ。

N形半導体では，自由電子が正孔（ホール）より多いので，**自由電子を多数キャリア，正孔を少数キャリア**と呼ぶ。

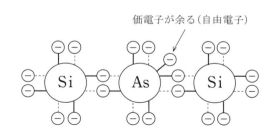

(3) p (positive) 形半導体

4価の原子の真性半導体に，インジウム (In) などの3価の原子を少量の不純物として加えると，**1個の価電子が不足し，共有結合が出来ずに不足している部分が生じる**。

これを**正孔（ホール）**という。この正孔は電気的には正 (positive) の性質を持ち，キャリアとなる。

正孔を作るために加えた不純物を**アクセプタ**（価電子を受け入れる者）と呼び，アクセプタによる正孔の半導体を**p形半導体**といい，通電時に電荷を運ぶ主役が正孔となる。

p形半導体は，正孔が自由電子より多いので，**正孔を多数キャリア，自由電子を少数キャリア**と呼ぶ。

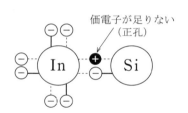

3. pn接合半導体

n形半導体とp形半導体を接合したもので，加える電圧の極性によって導体になったり，絶縁体になったりする整流特性を持つ。

(1) 順方向電圧

pn接合半導体において，順方向の電圧（p側にプラス，n側にマイナスの電圧）を加えると，p側からn側へは正孔，n側からp側へは自由電子がそれぞれ少数キャリアとして入り込む。このキャリアの移動の様子を拡散といい，拡散したそれぞれのキャリアは，最終的には移動先の多数キャリアと**再結合**する。この結果，全体としては，プラス電極からマイナス電極に向かう電流が流れる。

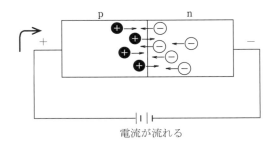

電流が流れる

(2) 逆方向電圧

pn接合半導体のp形にマイナス，n形にプラスの電圧を加えると，p形の正孔● は－電極に向かって移動し，n形の自由電子○は＋電極に向かって移動する。

したがって，半導体内部では接合部分付近に正孔や自由電子が存在できず（**空乏層**），電流が流れない。

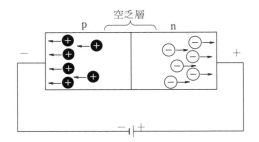

- 空乏層 --------------------------------------
    pn接合半導体に逆方向に電圧をかけると，接合部分付近に**正孔や自由電子が存在しない領域**が生じることをいう。

2-2 ダイオード

1組のpn接合に電極を接続した素子をいう。

p形半導体の電極を**アノード**(A)，n形半導体の電極を**カソード**(K)という。電流はアノードからカソード方向のみに流れ，逆方向へは流れない。このように、ダイオードは一方向しか電流が流れない**整流作用**がある。

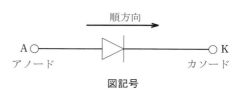
図記号

この整流作用を利用して**電源整流回路**(交流－直流変換)などに使用されている。また，電流が流れる方向をスイッチのオン，流れない方向をスイッチのオフとした**スイッチング素子**としても使用される。

ダイオードには，順方向での動作電圧が低いので小電圧の回路に使用される**ゲルマニウムダイオード**と，熱に強いので大電流回路に使用される**シリコンダイオード**がある。

> **ダイオードの順方向抵抗**
> ダイオードなどの半導体は，温度が上昇するとその熱エネルギーによって自由電子が増え，電流が流れやすくなるので順方向抵抗値は小さくなる。

1. ダイオード回路

(1) 整流回路

交流信号を直流信号に変換する回路である。

① 半波整流回路

交流波形のうち，正または負のいずれか片方の側をカットする。

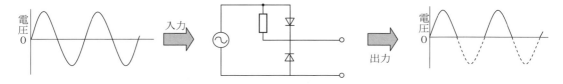

② 全波整流回路

交流波形のうち，正はそのまま，負は波形を反転させることにより，入力波形すべてを正の波形にして出力する。

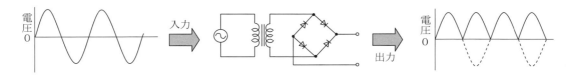

（2）波形整形回路

入力波形の一部を切り取り，残った部分を出力する回路である。

入力信号のひずみ部分をカットしたり，必要な波形部分を取り出す回路として，**クリッパ回路**がある。

① ベースクリッパ

基準電圧以上，あるいは以下の入力信号波形を取り出す。

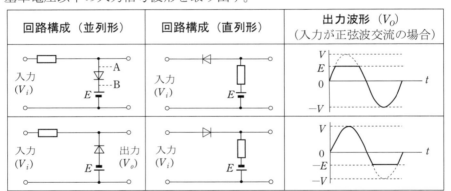

② ピーククリッパ

基準電圧以下の入力信号波形を取り出す。

（3）スイッチング作用

ダイオードの**スイッチング作用**を利用して，**AND** や **OR** などの**論理演算**を行う回路として動作させる。

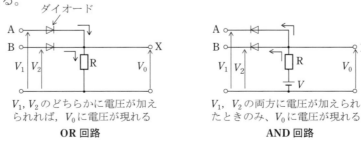

入力端子のどちらか，あるいは両方に電圧が加えられると，ダイオードを通して抵抗 R に電流が流れ，出力端子に電圧が発生する。

一方，入力端子の両方が 0 ボルトであると抵抗には電流が流れないため，出力端子も 0 ボルトとなり，電圧は発生しない。

2. 各種半導体素子

（1）ホトダイオード

逆方向電圧を加えたダイオードのpn接合面に光を当てると，光の強さに応じた電流を生ずる**光電効果**を利用した，半導体素子である。光センサなどに用いられる。

（2）発光ダイオード　LED（Light Emitting Diode）

電気記号を光記号に変換する素子である。
順方向のバイアス電圧を加えるとp形とn形の接合面から，両者のエネルギー差に相当する光を発するダイオードで，**LEDと呼ばれる。**

（3）ツェナーダイオード（定電圧ダイオード）

逆方向電圧をある値以上にすると，急激に電流が流れる。この電圧を**降伏電圧**といい，**流れる電流に関係なく広い電流範囲で一定の電圧を保つ**ことができる。
つまり，逆方向電圧の定電圧特性を持つ半導体で，定電圧ダイオードとも呼ばれる。

（4）可変容量ダイオード

ダイオードに加える**逆方向電圧の大きさにより空乏層の幅（電極間の距離に相当）が変化**する。このことにより，**静電容量も変化**する現象を利用している。

（5）サーミスタ

わずかな温度変化で抵抗値が著しく変化する（**温度係数の絶対値が大きい**）ため，温度センサや電子回路の温度補償として使われている。

（6）バリスタ

ある**一定以上の電圧を加えると，抵抗値が急激に低下して急激に電流を流す非直線性の特性を有する**半導体素子で，正方向，順方向などの極性を持たない。
2つのダイオードを反対方向に並列接続したもので，**電話機回路中の衝撃音防止回路・自動調整回路**や，サージ電圧から回路を保護するバイパス回路などに用いられる。

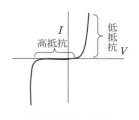

電圧－電流　特性

2-3 トランジスタ

(1) トランジスタの構造

p形とn形の半導体の組み合わせにより，npn形とpnp形の2種類がある。

いずれも電極は3つあり，中間層の電極を**ベース（B）**，他の電極をそれぞれ**コレクタ（C）**，**エミッタ（E）**という。

エミッタの矢印の方向でnpn形かpnp形かを区別し，**エミッタ～ベース間の電流が流れる方向に矢印が示される。**

npn形トランジスタ　　　　　　pnp形トランジスタ

(2) トランジスタの電流

トランジスタの電流には，**コレクタ電流 I_C，エミッタ電流 I_E，ベース電流 I_B** がある。

npn形　　　　　　pnp形

トランジスタの電流の方向

npn形トランジスタとpnp形トランジスタでは電流の流れる方向は異なるが，次の式が成り立つ。

$$I_E = I_B + I_C$$

例題

トランジスタに電圧を加えて，ベース電流が 20 〔μA〕，コレクタ電流が 2.48 〔mA〕流れているとき，エミッタ電流は何〔mA〕となるか。

解説

トランジスタにおけるエミッタ電流 I_E，ベース電流 I_B，コレクタ電流 I_C の関係は，

　　$I_E = I_B + I_C$

$I_B = 20$ 〔μA〕$= 0.02$ 〔mA〕，$I_C = 2.48$ 〔mA〕を代入すると，

$I_E = 0.02 + 2.48 = 2.50$ 〔mA〕

解答　2.50〔mA〕

（3）トランジスタの静特性

トランジスタの特性を表すものとして，トランジスタ単体の電気的特性（電圧－電気特性等）を示した静特性図が用いられる。

トランジスタの静特性には，**入力特性**，**出力特性**，**電流伝達特性**がある。

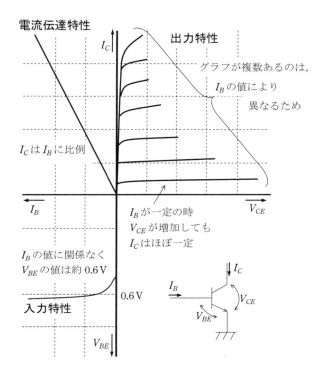

① 入力特性

コレクターエミッタ間の電圧 V_{CE} を一定に保ったときの，エミッターベース間の電圧 V_{BE} とベース電流 I_B の関係を示したもの。

② 出力特性

ベース電流 I_B を一定に保ったときの，コレクタ電流 I_C とコレクターエミッタ間の電圧 V_{CE} との関係を示したもの。

右図は，$I_C - V_{CE}$ 特性（出力特性）として負荷線のみを示した簡略図である。

I_C が最大のときは，抵抗 R による電圧降下 $(R \cdot I_C)$ も最大となるので，V_{CE} は**最小**となる。

出力特性の簡略図

③ 電流伝達特性

コレクターエミッタ間の電圧 V_{CE} を一定に保ったときの，コレクタ電流 I_C とベース電流 I_B との関係を示したもの。

（4） トランジスタの接地方式

項　目 ＼ 接地方式	ベース接地	エミッタ接地	コレクタ接地
特　徴	・入出力電流がほぼ等しくなる。 ・電流増幅作用は1以下である。 ・高周波に対する特性がすぐれ**高周波増幅回路**に多く用いられる。	・3つの接地方式のなかで**電力増幅作用が最も大きい**。 ・低周波増幅回路に多く用いられる。	・一般に，エミッタホロワという。 ・電力増幅作用は最も小さいが，入力インピーダンスが高く，出力インピーダンスが低い（出力電流を流しやすい） ・**インピーダンス変換や電流を必要とする回路に用いられ，増幅器**として使用される。
回路図 （npn形）	（回路図）	（回路図）	（回路図）
入力インピーダンス	小	中	大
出力インピーダンス	大	中	小
電 流 増 幅 率	小（≦1）	大	大
電 圧 増 幅 率	大	中	小（≦1）
電 力 利 得	中	大	小
高 周 波 特 性	最も良い	悪 い	良 い
入・出力電圧位相	同 相	逆 相	同 相

トランジスタ回路の各接地方式の特性

（5） トランジスタ増幅回路の原理

ベース電流に比例してコレクタ電流が流れる現象より，**小さな入力電流の変化をより大きな出力電流の変化として利用**する。

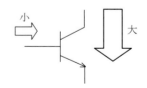

① バイアス電圧の必要性

バイアス回路は，トランジスタなどの**動作点の設定を行う**ために必要な**直流電流を供給するための回路**である。

入力電圧として交流を加えた場合，ベース・エミッタ間は入力電圧が正のときにのみ流れるので，半波形しか増幅できない。そこで，**交流電圧を適当な直流電圧でかさ上げし**，そこに入力信号（交流）を加えることにより増幅が可能となる。

② 負荷抵抗
増幅されたコレクタ電流を電力として利用するためには，**電流の流れを電圧として取り出す必要がある**。このため抵抗を接続して，電流を流し，両端電圧を取り出す。

③ 結合コンデンサ
増幅された交流成分と直流成分から，**交流成分のみ取り出す**ためにコンデンサを使って直流分をカットする。

(6) 増幅度
トランジスタ回路において，ベース電流 I_B の変化に伴って，コレクタ電流 I_C が大きく変化する現象は，トランジスタの**増幅作用**といわれる。

ベース接地形のトランジスタ回路では，エミッタを入力電極，コレクタを出力電極とし，コレクタ電流 I_C はエミッタ I_E に制御される。このとき，I_C の変化分 ΔI_C と，I_E の変化分 ΔI_E の比を**ベース接地の電流増幅率**といい，記号 α で表す。

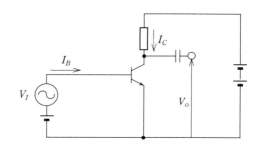

$$電流増幅率\ \alpha = \frac{\Delta I_C}{\Delta I_E}$$

例題

ベース接地トランジスタ回路において，コレクタ-ベース間の電圧 V_{CB} を一定にして，エミッタ電流を 2 ミリアンペア変化させたところコレクタ電流が 1.96 ミリアンペア変化した。このトランジスタ回路の電流増幅率を求めよ。

解説

ΔI_C に 1.96 [mA]，ΔI_E に 2 [mA] を代入する。　　$\alpha = \dfrac{1.96}{2} = 0.98$

(7) スイッチング回路
エミッタ接地のトランジスタ回路において，**ベース電流を十分大きくすると**，トランジスタは飽和状態に入り，コレクターエミッタ間の出力電圧は，ほぼ 0 ボルトとなる。これを**飽和**といい，**スイッチが ON** と同じ状態となる。

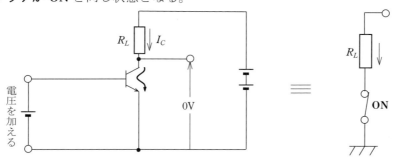

（8）帰還回路

信号源の入力電圧 V_S と入力側に戻る電圧 V_F とによって，増幅回路の入力電圧 V_I を合成するとき，**V_S と V_F とが同位相の関係にある帰還を正帰還**といい発振回路に用いられる。

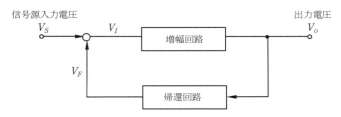

（9）電界効果トランジスタ（FET : Fierd Effect Transistor）

一般にトランジスタは，**バイポーラ形トランジスタ**と呼ばれるもので，**電子と正孔**の 2 つのキャリアで動作している。

これに対し，**電界効果トランジスタ**は，動作に寄与するキャリアが 1 つなので**ユニポーラ形トランジスタ**と呼ばれ，代表的なものに **MOS 形 IC** がある。

FET は，ドレイン（D），ゲート（G），ソース（S）の 3 つの端子を持ち，ゲートに加えた電圧で電界を作り，その電界を変化させて**多数キャリアの流れるチャンネルを制御**するので，**電圧制御素子**ともいう。

FET の分類

FET は，構造及び制御の違いにより，**接合形**と **MOS 形**に分類される。それぞれ **N チャンネル形**と **P チャンネル形**があり，電流の通路となる半導体が N 形半導体のものを N チャンネル形，P 形半導体のものを P チャンネル形という。

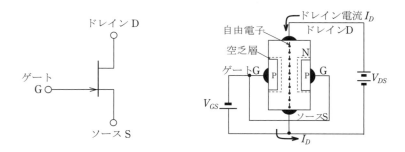

接合形 FET　N チャンネル形

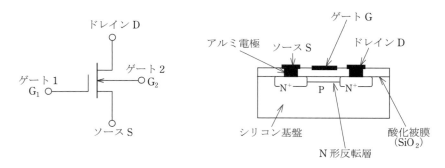

MOS 形 FET　N チャンネル形

第3章　論理回路

　私たちが，日常使用している数値は0～9の10個の数を用いた10進数であるが，コンピュータやデジタル電話交換設備は，「低いレベル」「高いレベル」の2値の電圧で処理を行っている。

　すなわち，1と0を信号に対応させて，演算動作を行う回路を，2値論理による論理回路という。

3-1　10進数，2進数

基数と重み

　例えば，10進数の**2512**という数字において，各ケタの数字2，5，1，2はそれぞれ，
2000（2×10^3），500（5×10^2），10（1×10^1），2（2×10^0）
を意味しており，10^3，10^2，10^1，10^0を**ケタの重み**といい，10を**基数**という。

10進数－2進数の対応表

10進数	2進数
0	0
1	1
2	ｹﾀ上がり **1**0
3	11
4	ｹﾀ上がり **1**00
5	101
6	110
7	111
8	ｹﾀ上がり **1**000
9	1001
ｹﾀ上がり **1**0	1010
11	1011
12	1100
13	1101
14	1110
15	1111
16	ｹﾀ上がり **1**0000

10進数・2進数の基数とケタの重み

例

10進数
$$2512 = (2\times10^3) + (5\times10^2) + (1\times10^1) + (2\times10^0)$$
$$\quad\quad = 2\times1000 + 5\times100 + 1\times10 + 2\times1$$
$$\quad\quad = 2000 + 500 + 10 + 2 = 2512$$

例

2進数
$$1001 = (1\times2^3) + (0\times2^2) + (0\times2^1) + (1\times2^0)$$
$$\quad\quad = 1\times8 + 0\times4 + 0\times2 + 1\times1$$
$$\quad\quad = 8 + 0 + 0 + 1 = 9$$

☆ 10進数 ⇨ 2進数 (基数2のケタの重みで求める方法)

注 ( )₂ は2進数, ( )₁₀ は10進数を意味する。

例題

10進数が2進数のどのケタの重みで構成されているか調べる方法で，次の10進数を2進数に変換しなさい。

$$(13)_{10} = \boxed{①} + \boxed{②} + \boxed{③} + \boxed{④}$$
$$= (\boxed{⑤})_2$$

解説

下表のように2の0乗，1乗，2乗，3乗…の数を準備する。

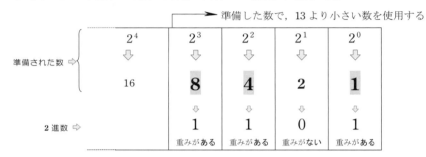

準備された数で 13 を構成する

13−8＝5
5−4＝1
⇨ 13＝8＋4＋1 となる。

解答 ① 8 ② 4 ③ 0 ④ 1 ⑤ 1101

☆ 10進数 ⇨ 2進数 (基数2で割った余りで求める方法)

例題

10進数の25を基数2で割った余りで求める方法で，2進数に変換しなさい。

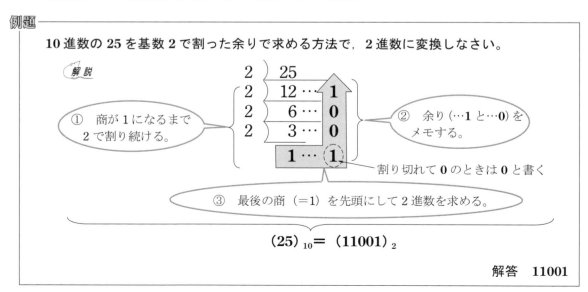

$(25)_{10} = (11001)_2$

解答 11001

第3章　論理回路

☆ 2進数 ⇨ 10進数

例題

次の2進数を各ケタに重み付けする方法で10進数に変換しなさい。

$(1101)_2 = 1 \times \boxed{①} + 1 \times \boxed{②} + 0 \times \boxed{③} + 1 \times \boxed{④}$

$= (\boxed{⑤})_{10}$ ⇦ 10進数

解説

2進数では，**2**が基数になるので，$(1101)_2$を2進数のケタの重みと対応させると，

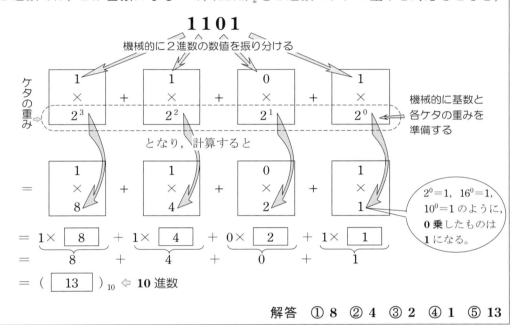

解答　① 8　② 4　③ 2　④ 1　⑤ 13

☆ 2進数の計算

加　算

```
   0        0        1        1
+) 0     +) 1     +) 0     +) 1
   0        1        1       10
```

10進数の2になると
ケタ上がりする。

例題

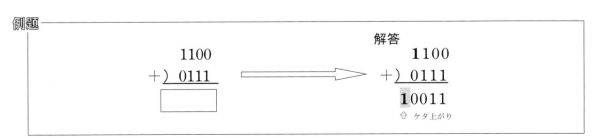

第1編　電気通信技術の基礎

3-2　基本論理素子

基本論理素子の図記号としては，**MIL 規格**，論理回路の動作を表にしたものを**真理値表**，さらに，式で表したものを**論理式**という。

	MIL 記号	真理値表	論理式
AND回路 （論 理 積）	A ─── B ─── f	A B ｜ f 0 0 ｜ 0 0 1 ｜ 0 1 0 ｜ 0 1 1 ｜ 1	$f = A \cdot B$
OR回路 （論 理 和）	A ─── B ─── f	A B ｜ f 0 0 ｜ 0 0 1 ｜ 1 1 0 ｜ 1 1 1 ｜ 1	$f = A + B$
NOT回路 （否 定 論 理）	A ───▷○─── f	A ｜ f 0 ｜ 1 1 ｜ 0	$f = \overline{A}$
NAND回路 （否 定 論 理 積）	A ─── B ─── f	A B ｜ f 0 0 ｜ 1 0 1 ｜ 1 1 0 ｜ 1 1 1 ｜ 0	$f = \overline{A \cdot B}$
NOR回路 （否 定 論 理 和）	A ─── B ─── f	A B ｜ f 0 0 ｜ 1 0 1 ｜ 0 1 0 ｜ 0 1 1 ｜ 0	$f = \overline{A + B}$

☆ 論理積の計算

すべての入力値が 1 のとき出力が 1
1 つでも入力値に 0 があれば出力は 0 となる。

複数桁の 2 進数について論理積を求める場合は，桁ごとに計算する。

$$
\begin{array}{r}
1\,0\,0\,1\,1\,1\,0\,1 \cdots X_1 \\
\text{AND}\,) \underline{\,1\,0\,1\,1\,0\,0\,0\,1 \cdots X_2\,} \\
1\,0\,0\,1\,0\,0\,0\,1
\end{array}
$$

第3章 論理回路

論理回路の動作と真理値表のつくりかた

(1) 入力に対する出力を求める

論理素子 A の入力は，a と論理素子 B の出力であり，論理素子 B の入力は a と b である。

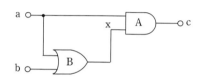

ここで，論理素子 B の出力を x とすると表①のような真理値表を作ることができる。

次に，論理素子 B の出力を埋めることで，論理素子 A のもう一つの入力 x が求められる。同じように論理素子 A の二つの入力（a と x）がわかったので，その出力 c が求められる。表②，③

表①

入力		出力	入力		出力
a	b	x	a	x	c
0	0		0		
0	1		0		
1	0		1		
1	1		1		
論理素子 B			論理素子 A		

表②

入力		出力	入力		出力
a	b	x	a	x	c
0	0	0	0	0	
0	1	1	0	1	
1	0	1	1	1	
1	1	1	1	1	
論理素子 B			論理素子 A		

表③

入力		出力	入力		出力
a	b	x	a	x	c
0	0	0	0	0	0
0	1	1	0	1	0
1	0	1	1	1	1
1	1	1	1	1	1
論理素子 B			論理素子 A		

(2) 真理値表から論理素子を求める

論理回路と真理値表が与えられているとき，空欄 M に当てはまる基本論理素子を求める。

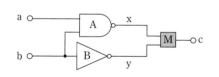

a	b	c
0	0	1
0	1	0
1	0	1
1	1	0

論理素子 A と B の出力である x と y が求める論理素子 M の入力になるので，まず，出力 x と y を求める。表①

次に，論理素子 M に x と y を入力すると，出力が c となるような基本論理素子を選択する。表②，③

したがって，求める基本論理素子は AND 回路となる。

表①

入力		出力	入力	出力
a	b	x	b	y
0	0	1	0	1
0	1	1	1	0
1	0	1	0	1
1	1	0	1	0
論理素子 B			論理素子 A	

表②

入力		出力
x	y	c
1	1	1
1	0	0
1	1	1
0	0	0
論理素子 M		

表③ 各論理素子の真理値表

入力		AND	OR	NAND	NOR
A	B				
0	0	0	0	1	1
0	1	0	1	1	0
1	0	0	1	1	0
1	1	1	1	0	0

例題1

図のような論理回路において，入力a及び入力bの論理レベルと出力cの論理レベルの関係が真理値表のようであるとき，表中の出力論理レベル W，X，Y，Z は①〜④のうちどれか。

① 0, 0, 0, 1　② 0, 0, 1, 0　③ 0, 1, 0, 0　④ 1, 0, 0, 0

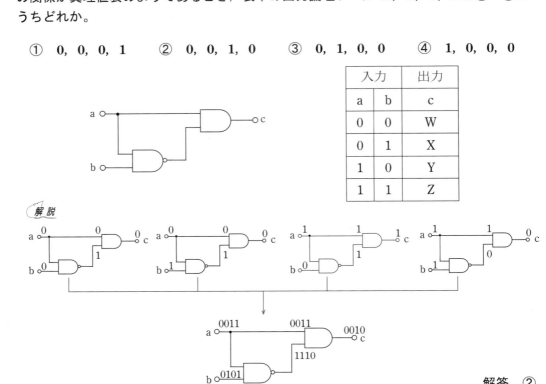

解答　②

例題2

図のような論理回路において，入力a及び入力bの論理レベルと出力cの論理レベルとの関係は，下の真理値表で表される。Mの論理素子は①〜④のうちどれか。

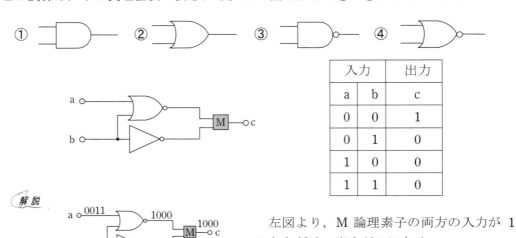

左図より，M 論理素子の両方の入力が 1 のときだけ，出力が 1 になる。

解答　①

例題3

図のような論理回路において，入力a及び入力bに図②に示す入力があるとき，図①の出力cは，図② c1～c5のうちのどれか。

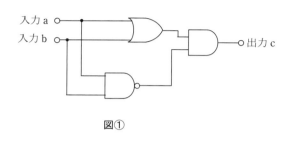

図①

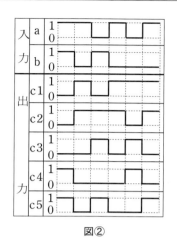

図②

解説

問題の図①論理回路の入力a及び入力bに，表の真理値表の論理レベルを入力すると回路中の各論理素子における論理レベルは次のようになる。

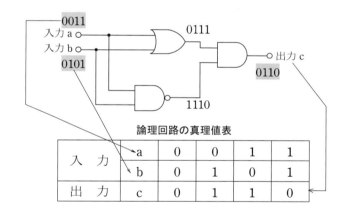

論理回路の真理値表

入力	a	0	0	1	1
	b	0	1	0	1
出力	c	0	1	1	0

入力に対する論理回路の出力

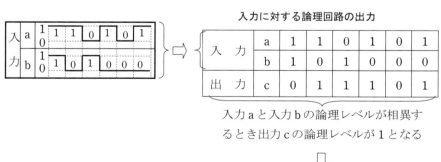

入力	a	1	1	0	1	0	1
	b	1	0	1	0	0	0
出力	c	0	1	1	1	0	1

入力aと入力bの論理レベルが相異するとき出力cの論理レベルが1となる

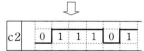

解答　**c2**

例題4

図1に示す論理回路において，入力a及び入力bと出力cとの関係は，図2で示される。Mの論理素子は①～③のうちどれか。

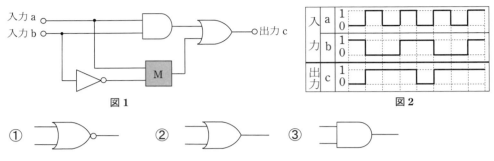

図1 　　　　　　　　　　　　図2

① （NOR）　　② （OR）　　③ （AND）

解説

1. 設問の図2の入出力を表で示す。

入　力	a	0	1	0	1	0	1	0	1
	b	1	0	0	1	1	0	0	1
出　力	c	0	1	1	1	0	1	1	1

2. 入力a，入力b，出力cの論理レベルの関係を表した真理値表を作成する。

入　力	a	0	0	1	1
	b	0	1	0	1
出　力	c	1	0	1	1

3. 論理レベルをそれぞれ図1に代入する。

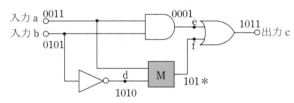

4. OR素子の性質を利用すると，入力eが0，0，0，1で，出力cが1，0，1，1であるとき，入力fの論理レベルは，1，0，1，＊（＊は0または1のどちらかの値をとる。）となる。

　この結果から，論理素子Mの入出力に関する真理値表を作成すると，Mに該当する論理素子は②のORとなる。

空欄Mの入力		ORの入力		出力
a	d	e	f	c
0	1	0	1	1
0	0	0	0	0
1	1	0	1	1
1	0	1	＊	1

Mの出力（＊は0または1）

解答　②

論理式の簡略化

論理式を簡単な形にしていく方法として，ブール代数が使用される。**ブール代数**は，「1」と「0」の2値の論理変数を使用する論理代数の体系である。

復元の法則	$\overline{\overline{A}}=A$	
補元の法則	$A+\overline{A}=1$	$A \cdot \overline{A}=0$
恒等の法則	$A+0=A$	$A \cdot 0=0$
	$A+1=1$	$A \cdot 1=A$
同一の法則	$A+A=A$	$A \cdot A=A$
交換の法則	$A+B=B+A$	$A \cdot B=B \cdot A$
結合の法則	$(A+B)+C=A+(B+C)$	$(A \cdot B) \cdot C=A \cdot (B \cdot C)$
分配の法則	$A \cdot (B+C)=A \cdot B+A \cdot C$	$A+B \cdot C=(A+B) \cdot (A+C)$
吸収の法則	$A \cdot (A+B)=A$	$A+A \cdot B=A$
ド・モルガンの定理	$\overline{A+B}=\overline{A} \cdot \overline{B}$	$\overline{A \cdot B}=\overline{A}+\overline{B}$

例題

次の論理関数 X は，ブール代数の公式等を利用して変形し，簡単にせよ。

$X = A \cdot (A+\overline{B}) + B \cdot (A+B)$

解説1

$A \cdot (A+\overline{B}) + B \cdot (A+B)$
$= A \cdot A + A \cdot \overline{B} + A \cdot B + B \cdot B$ （分配の法則）
$= A + A \cdot (\overline{B}+B) + B$ （同一の法則，分配の法則，同一の法則）
$= A + A \cdot 0 + B$ （補元の法則）
$= A + 0 + B$ （恒等の法則）
$= A + B$ （恒等の法則）

解説2

$A \cdot (A+B) + B \cdot (A+B)$
$= A + B$ （吸収の法則）

解答　$A+B$

第 1 編　電気通信技術の基礎

3-3　論理式とベン図

論理式を直観的な形で表す方法として**ベン図**がある。

論理式を入力を表す場合，円の内側を 1，外側を 0 と考える。

	論理式	MIL 記号	ベン図
AND 回路 （論 理 積）	$f = A \cdot B$	A B f	A と B の交わり
OR 回路 （論 理 和）	$f = A + B$	A B f	A または B
NOT 回路 （否 定 論 理）	$f = \overline{A}$	A f	A でない
NAND 回路 （否定論理積）	$f = \overline{A \cdot B}$	A B f	A と B の交わり以外
NOR 回路 （否定論理和）	$f = \overline{A + B}$	A B f	A でも B でもない

ベン図の例

 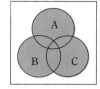 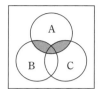

f＝A・B・C　　　　　　　f＝A＋B＋C　　　　　　f＝A・B＋A・C

 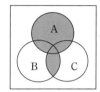

f＝A・B＋A・C＋B・C　　f＝A＋B・C　　　　　　f＝A・($\overline{B}$＋$\overline{C}$)

A＋B（論理和）

ベン図を重ね合わせたときの塗りつぶした部分である。

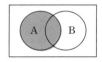 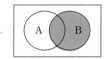

A・B（論理積）

ベン図を重ね合わせたときの塗りつぶした部分のうちの共通部分である。

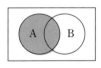 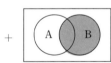 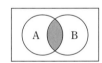

例題1

右図に示すベン図において，A，B及びCは，それぞれの円の内部を表すとき，塗りつぶした部分を示す論理式を求めよ。

解説

ベン図を分離させて考える。

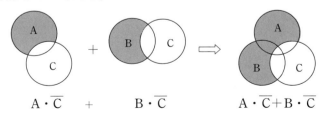

A・$\overline{C}$　　＋　　B・$\overline{C}$　　　　A・$\overline{C}$＋B・$\overline{C}$

したがって，塗りつぶした部分の論理式はA・$\overline{C}$＋B・$\overline{C}$で表すことができる。

解答　　A・$\overline{C}$＋B・$\overline{C}$

例題2

図に示すベン図において，A，B 及び C は，それぞれ円の内部を表すとすれば塗りつぶした部分を示す論理式は，①～④のうちどれか。

① A・B+$\overline{C}$
② A+B・$\overline{C}$
③ A・B・$\overline{C}$
④ A・$\overline{C}$+B・$\overline{C}$

解説

①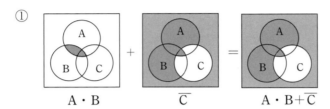

②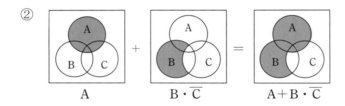

③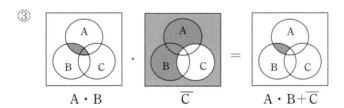

④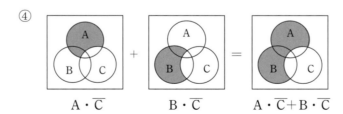

解答　③

第4章　伝送理論

4-1　伝送量の求め方

(1) 伝送量とデシベル

　電気通信回線設備は，伝送交換設備や線路ケーブルなどの伝送回路網から構成されるが，メタリックケーブルを用いた伝送回路においては，ケーブルの抵抗 R，静電容量 C，インダクタンス L などによって，通信電力が**減衰**（損失）する。

　この減衰を補うため電気通信回線の伝送回路に増幅器を挿入し，増幅（利得）を行う。

　送信側を電力 P_I，受信側を P_O とすれば，送信側の電力と受信側の電力の比を**伝送効率**という。

$$伝送効率 = \frac{受信側の出力電力}{送信側の入力電力} = \frac{P_O}{P_I}$$

　この伝送回路の電力については，実用上，次に示される対数比を使用した伝送量の**電力比**で定義され，**デシベル**〔dB〕という単位が用いられる。

$$電力比 \quad A_P = 10 \log_{10} \frac{P_O}{P_I} \ \text{〔dB〕}$$

　また，伝送回路の電力における伝送量は，**電圧比**および**電流比**で表すことができる。

$$電圧比 \quad A_V = 20 \log_{10} \frac{V_O}{V_I} \ \text{〔dB〕}$$

V_I：送信側の入力電力　　V_O：受信側の出力電力

$$電流比 \quad A_I = 20 \log_{10} \frac{I_O}{I_I} \ \text{〔dB〕}$$

I_I：送信側の入力電流　　I_O：受信側の出力電流

常用対数の公式
$\log_{10} a \cdot b = \log_{10} a + \log_{10} b$
$\log_{10} \frac{a}{b} = \log_{10} a - \log_{10} b$
$\log_{10} a^n = n \log_{10} a$
$\log_{10} \frac{1}{1000} = \log_{10} 10^{-3} = -3$
$\log_{10} \frac{1}{100} = \log_{10} 10^{-2} = -2$
$\log_{10} \frac{1}{10} = \log_{10} 10^{-1} = -1$
$\log_{10} 1 = \log_{10} 10^0 = 0$
$\log_{10} 10 = \log_{10} 10^1 = 1$
$\log_{10} 100 = \log_{10} 10^2 = 2$
$\log_{10} 1000 = \log_{10} 10^3 = 3$

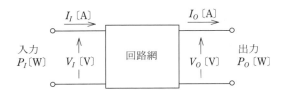

　ここで，A〔dB〕がプラスの値のとき利得回路網，マイナス値のときは損失回路網という。

例題

下図の発振器の出力電圧が $150\,[\mathrm{mV}]$, 減衰器の減衰量が何 $[\mathrm{dB}]$ のとき, 電圧計の読みは $0.15\,[\mathrm{mV}]$ となるか。

ただし, 入出力各部のインピーダンスはすべて同一値で整合しているものとする。

解説

減衰器の減衰量を $x\,[\mathrm{dB}]$ とすると,

$$x = 20\log_{10}\frac{0.15\times 10^{-3}}{150\times 10^{-3}}$$
$$= -20\log_{10}10^{-3}$$
$$= (-20)\times(-3) = 60\,[\mathrm{dB}]$$

解答　60 [dB]

(2) 相対レベルと絶対レベル

デシベルは, 入力と出力の比のように**相対レベル**を表す以外に, 絶対値で表すときにも使われ, 電力値 P を基準電力 $1\,[\mathrm{mW}]$ に対する比で表す。これを**絶対レベル**といい, 単位は $[\mathrm{dBm}]$ を使用する。

$$絶対レベル\,[\mathrm{dBm}] = 10\log_{10}\frac{P\,[\mathrm{mW}]}{1\,[\mathrm{mW}]}\,[\mathrm{dBm}]$$

例題

何ミリワットの電力を絶対レベルで表すと, $10\,[\mathrm{dBm}]$ となるか。

解説

$10\,[\mathrm{dBm}]$ の電力値 P は,

$$10 = 10\log_{10}\frac{P}{1}$$
$$1 = \log_{10}P$$
$$\therefore\ P = 10\,[\mathrm{mW}]$$

解答　10 [mW]

（3）伝送系の伝送損失・利得

伝送系の伝送損失等の値を求める場合は，損失 L〔dB〕，利得 G〔dB〕とすると，

伝送量 $A = -L + G$〔dB〕

（損失，利得が複数ある場合は，それぞれ L_1, L_2, G_1, G_2 で表す）

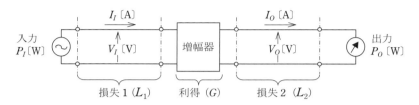

伝送回線において，入出力の関係が電力，電圧，電流の場合におけるそれぞれの伝送量は，

電力比と伝送量　　$A_P = 10 \log_{10} \dfrac{P_O}{P_I} = -L + G$〔dB〕

電圧比と伝送量　　$A_V = 20 \log_{10} \dfrac{V_O}{V_I} = -L + G$〔dB〕

電流比と伝送量　　$A_I = 20 \log_{10} \dfrac{I_O}{I_I} = -L + G$〔dB〕

例題

図において，増幅器の利得が 11〔dB〕のとき，電力計の読みは 2.2〔mW〕，電気通信回線への入力電力が 22〔mW〕のとき，その伝送損失は 1〔km〕当たり何〔dB〕か。
ただし，入出力各部のインピーダンスは整合しているものとする。

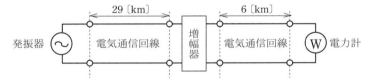

解説

$P_I = 22$〔mW〕，$P_O = 2.2$〔mW〕，$G = 11$〔dB〕なので，

$$伝送量 A = 10 \log_{10} \frac{2.2}{22} = -L + 11 \text{〔dB〕}$$

$$10 \log_{10} \frac{1}{10} = -L + 11 \text{〔dB〕}$$

$$10 \times (-1) = -L + 11$$

$$\therefore L = 11 + 10 = 21 \text{〔dB〕}$$

電気通信回線全体 $29 + 6 = 35$〔km〕であるから，1〔km〕当たりの伝送損失は，

$$21 \text{〔dB〕} \div 35 \text{〔km〕} = 0.6 \text{〔dB／km〕}$$

解答　0.6〔dB／km〕

（4）伝送量の計算

デシベルで表された増幅器の利得，減衰器や伝送損失による減衰量を加減算して求める。

総合伝送量〔dB〕＝＋$A-B-C$

（5）伝送損失

電気通信回線（伝送路）の距離によって**伝送損失**が変化するので，単位距離 1〔km〕あたりの伝送量で表す。

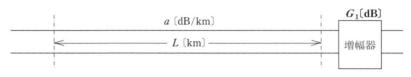

総合伝送量 A〔dB〕＝$-aL+G_1$

例題

下図において，電気通信回線への入力レベルが－4〔dB〕，その伝送損失が 1〔km〕当たり 1.2〔dB〕，増幅器の利得が 24〔dB〕のとき，端子 a－b での受信レベルは何〔dB〕か。
ただし，入出力各部のインピーダンスは整合しているものとする。

解説

電気通信回線全体の伝送損失 L は，1〔km〕当たりの損失が 1.2〔dB〕であるから，30〔km〕では，

$$L=1.2\times30=36 \text{〔dB〕}$$

電気通信回線への入力レベルを P_1〔dB〕，電気通信回線全体の伝送損失を L〔dB〕増幅器の利得を G〔dB〕とすると，端子 a－b での受信レベル P_2〔dB〕は次式で表すことができる。

$$P_2=P_1-L+G$$

問題の条件 $P_1=-4$〔dB〕，$G=24$〔dB〕を代入して，P_2 を求めると，

$$-4-36+24=-16 \text{〔dB〕}$$

解答　16〔dB〕

4-2 反射とインピーダンス整合

(1) 特性インピーダンス

伝送路上では，電圧，電流が徐々に減衰していくが，その比は一定である。この比を**特性インピーダンス**という。特性インピーダンスは，無限長の伝送路の入力インピーダンスと等しい。

(2) 反射

特性インピーダンスが異なる線路を接続したとき，その接続点で入力信号の一部が入力側に戻る現象をいう。

送信側のインピーダンスを Z_1，受信側のインピーダンスを Z_2 としたとき，入射電圧 V_F と反射電圧 V_R との比を**電圧反射係数 m** という。

$$電圧反射係数 = \frac{反射電圧\ V_R}{入射電圧\ V_F} = \frac{Z_2 - Z_1}{Z_2 + Z_1} = m$$

また，電流の反射については，入射電流 I_F に対する反射電流 I_R の比を**電流反射係数 $-m$** という。

$$電流反射係数 = \frac{反射電流\ I_R}{入射電流\ I_F} = \frac{-Z_2 - Z_1}{Z_2 + Z_1} = -m$$

ここで**電圧反射係数**と**電流反射係数**は，-1 から 1 までの値をとり，反射波の位相が反転した場合はマイナスで示す。

① 2つの伝送路の特性インピーダンスが等しい（$Z_1 = Z_2$）ときは，$m = 0$ となり，**反射波は発生しない。**

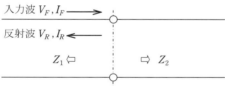

② $Z_2 = 0$ のとき，$m = -1$ となり逆位相**全反射する。**
③ $Z_2 = \infty$（無限大）のとき，$m = 1$ となり同位相**全反射する。**

(3) インピーダンス整合

特性インピーダンスの異なる伝送路を接続すると，減衰が起こり伝送効率が悪くなる。これを防ぐためには，接続する二つの伝送路のインピーダンスを合わせる必要がある。このことを**インピーダンス整合**という。

インピーダンス整合をとる一般的な方法として，変成器（トランス）が使われる。トランスの巻数比の2乗がインピーダンスの比となる。

$$\left(\frac{n_1}{n_2}\right)^2 = \frac{Z_1}{Z_2}$$

変成器

トランスの巻線比

4-3　雑音と漏話現象

(1) 雑音

信号対雑音比（SN比）

送信側で入力信号がない場合でも，受信側で信号が現れる。これを**雑音**という。雑音の大きさを表すものとして信号送出時の受端の信号電力 P_S〔W〕と無信号時の受端の雑音電力 P_N〔W〕の相対レベルを用いる。

これを **SN比** といい，次の式で表され，**SN比が大きいほど通話品質は良くなる**。

$$\text{SN比〔dB〕} = 10 \log_{10} \frac{P_S}{P_N} = 10 \log_{10} P_S - 10 \log_{10} P_N$$

(2) 漏話現象

一方の回線の信号が他方の回線に漏れる現象を漏話現象といい，送信信号と**反対方向**（負の方向）に漏話が現れる**近端漏話**と送信信号と**同一方向**（正の方向）に漏話が現れる**遠端漏話**がある。この漏話の量を**漏話減衰量**という。

漏話電力は小さいほど回線の品質がよいので，漏話減衰量が大きくなるほど漏話雑音が小さくなる。

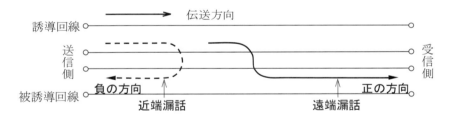

平衡対ケーブルにおける誘導回線の信号電力を P_S〔W〕，被誘導回線の漏話による電力を P_X〔W〕とすると，

$$\text{漏話減衰量} = 10 \log_{10} \frac{\text{送信電力（誘導回線）}}{\text{漏話電力（被誘導回線）}} 〔dB〕 = 10 \log_{10} \frac{P_S}{P_X} 〔dB〕$$

平衡対ケーブルを用いて構成された電気通信回線間の電磁結合による漏話は，心線間の相互誘導作用により生ずるものであり，その大きさは，誘導回線の電流に比例する。

間接漏話

回線間の直接的な漏話以外に，増幅素子などで生じる漏話や第三の回線を経由して生じる漏話を間接漏話という。

4-4　各種ケーブルの伝送特性

(1) 特性インピーダンス

一様な線路が無限の長さに続いているとすると，線路上のどの点をとっても電流と電圧の比は一定となり，この比が特性インピーダンスとなる。したがって，**無限長の一様線路における入力インピーダンス**は，その線路の**特性インピーダンスと等しい**。また，ケーブルの種類によって固有な値を持っている。

(2) 同軸ケーブル

円筒形の外部導体と中心の内部導体から構成されている。平衡対ケーブルに比べ，高い周波数での伝送損失が小さく，広い周波数帯域にわたって伝送することができる。

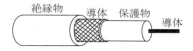

同軸ケーブルは不平衡線路であるため，2本の同軸ケーブルを密着させて設置すると，漏話現象の程度は外部導体の内表面と外表面との間の導電性により，**周波数が低くなると**，高周波電流が表面に集中する現象により周波数は減少するので，**漏話現象は大きくなる**。

(3) 平衡対ケーブル

二本の電線を対として1回線としたものである。安価であるが信号の周波数が高くなるほど伝送損失が大きくなる。また，多数の回線を束ねると静電結合や電磁結合により漏話が起きる。

静電結合による漏話は，心線間の相互誘導作用（2線間の静電容量を通じ電流が被誘導回線に流れ込む）により生ずるもので，被誘導回線に流れ込んだ電流により電圧を誘起させるが，その大きさは被誘導回線の**インピーダンスに比例する**。

電磁結合による漏話は，2つの回線間の相互誘導により被誘導回線に電圧を誘起させるために生じ，その大きさは誘導回線のインピーダンスが小さいほど流れる電流が大きくなるので，被誘導回線に現れる誘導電流（漏話電流）は大きくなり**電流に比例し**，誘導回線のインピーダンスと電磁結合による漏話は**反比例する**。**漏話雑音の対策**として，

① 2本のケーブル心線を撚って電磁結合による誘導電流を打ち消す。（**対よりケーブル**）

② 2対4本のケーブル心線を撚って互いに直角に交わるように配置することにより，導線及び絶縁層の均質化が図れ，回線間の静電容量の平衡がとれ，静電結合を最少とする。（**星形カッドよりケーブル**）

静電誘導電圧

高電圧・高電流を扱う電力線が通信線と接近して設置されている場合，電力線からの誘導作用により，通信線に電圧または電流が発生し，それが通信信号に対する雑音となる。

電力線からの誘導作用によって通信線（平衡対よりケーブル）へ誘起される誘導電圧には，静電誘導電圧と電磁誘導電圧がある。このうち**静電誘導**電圧は，一般に，電力線の電圧に比例して変化する。

一方，電磁誘導電圧は，電力線の電流に比例して変化する。

第5章　伝送技術

5-1　信号の伝送

(1) アナログ伝送方式とデジタル伝送方式

　原信号や変調された信号をアナログ信号として伝送する方式を**アナログ伝送方式**といい，狭い伝送帯域で効率良い伝送ができるが雑音に弱い。

　アナログ信号を標本化という技術によって数値化し，"1"と"0"のみで表現する2進数に変換して取り扱うデジタル信号として伝送する方式を**デジタル伝送方式**という。

　デジタル伝送方式はアナログ伝送方式と比較して，次のような特徴がある。

①　ひずみや雑音に対して強く，忠実な信号の再生中継ができる。

②　多重化伝送が経済的にできる。

③　論理回路による回路構成のため，半導体の高集積化技術(LSI技術)に適している。

④　広い伝送帯域を必要とする。

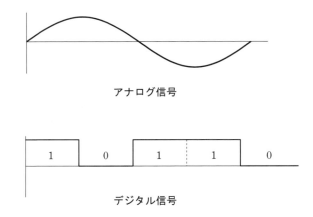

(2) ブロードバンド伝送とベースバンド伝送

　アナログ電話回線を通じてデータを伝送する場合は，変復調装置(モデム)を用いて交流信号に変換(**変調**)してから回線に送出し，受信側で再び元のベースバンド信号に戻す(**復調**)必要がある。このような伝送方式を**ブロードバンド伝送方式**(帯域伝送方式)という。

　また，原信号をそのまま伝送する方法を**ベースバンド伝送方式**(p.109 参照)という。一般に，短い区間の伝送に使用される。

5-2 変調方式

(1) 振幅変調方式（AM：Amplitude Modulation）

　伝送信号の波形に応じて搬送波の振幅を変化させる方式を**振幅変調方式**という。デジタル信号の場合は，"1" と "0" に対応して正弦搬送波の周波数を変化させる方式は，**振幅偏移変調（ASK）**という。

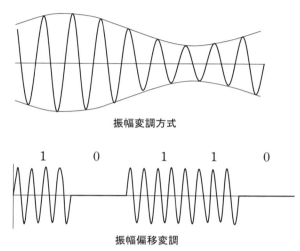

振幅変調方式

振幅偏移変調

周波数帯域とスペクトル分布

　AM 変調では，占有する周波数帯域が狭くてすむ。この場合，周波数スペクトルは搬送波の両側に上側波帯と下側波帯が現れる。この二つは全く同じ情報が含まれている。

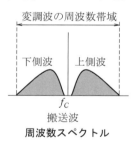

周波数スペクトル

① 上側波帯と下側波帯の両方を伝送する方式を**両側波帯伝送**（**DSB**：Double Side Band）という。

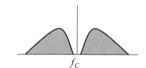

② 上側波帯と下側波帯のどちらか一方を伝送する方式を**単側波帯伝送**（**SSB**：Single Side Band）という。

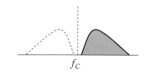

③ 直流成分を含む信号(TVやデータ信号)を伝送するため，搬送波を中心に片方の側波帯を斜めにカットして伝送する方式を**残留側波帯伝送**（**VSB**：Vestigial Side Band）という。

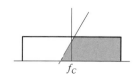

（2）周波数変調方式（**FM**：Frequency Modulation）

伝送信号の波形に応じて搬送波の周波数を変化させる方式を**周波数変調方式**という。
デジタル信号の場合は，"1"と"0"に対応する正弦搬送波の周波数を偏移させるので，特に**周波数偏移変調方式**（**FSK**：Frequency Shift Keying）という。
FMはAMに比べて広い周波数帯域を必要とするが，レベル変動や雑音による妨害に強い。

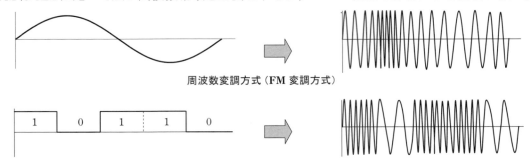

周波数変調方式（FM変調方式）

周波数偏移変調方式（FSK変調方式）

（3）位相変調方式（**PM**：Phase Modulation）

伝送信号の波形に応じて搬送波の位相を変化させる方式を**位相変調方式**という。デジタル信号の場合は，"1"と"0"に対応して正弦搬送波の位相を変化させるので，特に**位相偏移変調方式**（**PSK**：Phase Shift Keying）という。
特徴は，FMと同様に占有周波数帯域を広く必要とするが，レベル変動や雑音に対して強い。
デジタル伝送方式では，次に示す①，②，③のように，情報伝送速度を増加するため，**多値符号を用いたデジタル多値変調方式**が採られている。

① デジタル信号の"1"と"0"を二つの位相に対応させたものを**2相位相変調方式（2PSK）**という。

② 00，01，10，11を四つの位相に対応させたものを**4相位相変調方式（4PSK）**という。2PSKに比べて2倍の伝送量がある。

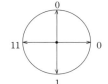

③ 3ビット000，001，010，011，100，101，110，111を八つの位相に対応させたものを**8相位相変調方式（8PSK）**という。
一度に多値符号数のデジタル信号として伝送することができる。

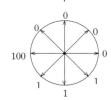

多値符号

3値以上の信号レベルに情報を対応させることで，**伝送路の帯域を変えずに情報伝送速度の増加**を目的とした符号。

たとえば，3値符号の1種である4B3T符号は，高レベル（＋），中レベル（0），低レベル（－）という3つの信号レベルのパルスで"0"と"1"を表す。
「＋0－」の信号レベルで「1100」という4ビットを表し，「－0＋」の信号レベルで「1111」という4ビットを表すことができる。
4B3T符号のような3値符号等の多値符号によって，情報伝送速度を増加させることができる。

第5章　伝送技術

5-3　パルス変調方式と PCM 伝送

パルス変調方式

　搬送波に連続する方形パルスを使用し，入力信号をパルスの振幅，間隔や幅などに対応させる次のような方式をいう。

①　**パルス振幅変調方式（PAM）**

　　光変調器を用い，変調信号により光の強度を変化させる。

②　**パルス幅変調方式（PWM）**

　　パルスの幅を入力信号の振幅に対応して変化させる。

③　**パルス位置変調方式（PPM）**

　　パルスの時間的な位置に対応させる。

④　パルス符号変調方式（PCM）

・**振幅を標本化，量子化したあと**，アナログ信号やデジタル信号の情報を"1"と"0"の**2進符号に変換し，パルスの「有」「無」に対応させて伝送**するので外部からの雑音などの影響を受けにくく伝送内容の品質が劣化することが少ない。

　なお，加算，減算などのデジタル演算によって，アナログ信号からの特定の周波数帯域のアナログ信号を取り出すデジタルフィルタの精度を上げるためには，アナログ信号をデジタル信号に変換するときに，**量子化ステップの幅を小さくする**必要がある。

・アナログ信号をデジタル信号に変換する過程で**量子化雑音**が生ずることや，振幅変調方式と比較して，必要とする**伝送周波数帯域**が広くなることなどの欠点もある。

・伝送路中に挿入された**再生中継器**により，くずれた波形を元のパルス波形に再生することができるのでレベル変動の少ない，高品質な伝送が可能である。

再生中継

・　PCM 伝送ではパルス波形を伝送するので，伝送中に雑音などでパルス波形が変形した場合でも，伝送路中に挿入された再生中継器により，完全な波形を再生することができる。

・　それぞれの中継区間で発生した**識別レベル以下の伝送路雑音**は，**再生中継ごとに再生されず（変化しない）後位の中継器に伝搬しない。**

・　伝送路の信号劣化を少なくできるため，長距離伝送も可能となる。

・　線路で混入する雑音は，再生中継を行っているので，原理的に振幅が信号の半分より小さければ支障がない。

PCM 伝送 (Pulse Code Modulation)

PCMはパルス符号変調方式の略であり，**アナログ信号を，送信側で，標本化，量子化，符号化によりデジタルパルスとして伝送し，受信側において復号化し，さらに低域フィルタを通過させて元のアナログ信号を再生する。**

【送信側】

アナログ信号
↓
標本化(サンプリング)

アナログ信号を一定間隔でサンプリングし，PAM パルス列として読み取る

> 標本化する周波数は，アナログ信号に含まれる**最高周波数の2倍以上の周波数**で標本化すればアナログ信号を完全に復元できる。

↓
量 子 化

標本化により得られた元の標本化値をステップ数に合わせて量子化する場合，四捨五入した値を用いることから，量子化信号値にひずみ（誤差）を生じる。このひずみは雑音として現れる。これを量子化雑音という。

量子化雑音は，原理的に，雑音量が電気通信回線の距離や中継区間数といった物理的な条件に依存しない。

↓
符 号 化

原信号をサンプリングして得たパルスの振幅を2進符号化（**PCM信号**）し，そのパルス列を発生させる。

> **符号化に必要な2進符号のビット数**は，量子化ステップ数が256なので，8ビット（$2^8=256$）となる。
>
> 標本化周波数に 8kHz（$8×1,000$ 回/s）を用いるとき，1秒間に伝送できるビット数（**bit/s＝情報量**）は，
>
> $8,000$ 回/s × 8 bit/s ＝ $64,000$ bit/s ＝ 64 kbit/s

↓
PCM出力として送り出す

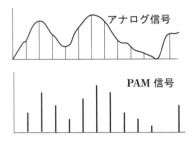

【受信側】

↓
復 合 化　　波形を復合し，PAM信号に戻す。

↓
補 間　　低域通過フィルタ（ローパスフィルタ）に通して、元のアナログ信号を再生する。

補間雑音は，復号の補間濾波の過程で，理想的な低域通過フィルタを用いることができないために発生する。

↓
出 力(アナログ信号)

> **例題**
>
> 　4〔kHz〕帯域幅の音声信号を 8〔kHz〕で標本化し，56〔kbit/s〕で伝送するためには，1標本当たり，何ビットで符号化する必要があるか。
>
> **解説**
>
> 　4〔kHz〕帯域幅の音声信号を2倍の 8〔kHz〕で標本化すると，1秒間に 8,000 回のパルスとなる。それぞれのパルスを N ビットで符号化して伝送する場合の伝送速度は，
>
> $$伝送速度 = 8,000〔回/s〕\times N〔ビット/回〕$$
>
> 伝送速度＝56〔kbit/s〕であることから，$56 \times 1,000 = 8 \times 1,000 \times N$ より $N=7$
>
> 　PCM 伝送では，1標本当たり，7ビットで符号化する必要がある。
>
> 　　　　　　　　　　　　　　　　　　　　　　　　　　　解答　**7ビット**

伝送品質の劣化要因

　符号誤り(ビットエラー)，ジッタ(パルスタイミングのゆらぎ)，伝送遅延 (p.87 参照) などがある。これらの中で最も影響が大きいのは，符号誤りである。

① 長時間平均符号誤り率 BER

　測定時間中に伝送された符号(ビット)の総数に対する，その時間中に誤って受信された符号(ビット)の個数の割合を表すものである。

　BER は，符号誤りがランダムに発生する場合には評価できるが，短時間に集中して発生する場合には適していない。

② 符号誤り時間率

　デジタル通信網における伝送品質の劣化要因の中で最も影響が大きいのは，符号誤りである。ある時間帯にビットエラーが集中的に発生しているか否かを判断するための指標で，BER の欠点を補う符号誤りとして %*ES*，%*SES*，%*DM* などがある。

%*ES* (percent Errored Seconds)

　1秒ごとに符号誤りの有無を調べて，少なくても1個以上の符号誤りが発生した「秒」の延べ時間が，稼働時間に占める割合を表したもの。

%*SES* (percent Severely Errored Seconds)

　1秒ごとに平均符号誤り率を測定し，平均符号誤り率が 1×10^{-3} を超える符号誤りの発生した延べ時間が，稼働時間に占める割合を表したもので，測定時間中のある時間帯にビットエラーが集中的に発生しているか否かを判断する。

%*DM* (percent Degraded Minutes)

　1分ごとに平均符号誤り率を測定し，平均符号誤り率が 1×10^{-6} を超える符号誤りの発生した「分」の延べ時間が，稼働時間に占める割合を表したもの。

第1編　電気通信技術の基礎

5-4　多重化伝送方式

多重化とは，一つの伝送路を用いて多数の信号をまとめて伝送することである。複数回線の**デジタル信号を多重化する方式**には，**時分割多重伝送方式（TDM方式）**が一般的である。また，有線によるアナログ多重伝送方式では，一般に**周波数分割多重伝送方式（FDM方式）**が用いられる。

（1）時分割多重伝送方式（TDM）

伝送路を時間的に分割して，複数の信号を少しずつずらして配列する伝送方式で，デジタル伝送方式に使われる。

たとえば，6Mbit/s（6,000,000bit/s）まで伝送可能なデジタル回線では，4,800bit/sの信号を1,250チャネルに多重化することができる。

$$6\,\mathrm{Mbit} = 6{,}000{,}000\,\mathrm{bit/s}$$

$$4800 \times N（チャネル数）= 6{,}000{,}000\,\mathrm{bit/s}$$

$$N = 1{,}250〔チャネル〕$$

パルスの繰返し周期が等しいN個のPCM信号を時分割多重方式により伝送するためには，最小限，多重化後のパルスの繰返し周期を元の周期の$\dfrac{1}{N}$倍になるように変換する必要がある。

また，送信側で複数のチャネルの信号を時間的に多重化して送り，受信側でこれを元の各チャネルの信号に戻す方式であることから，送受信端末間で，どのビットがどのチャネルのビットであるかを識別するための**フレーム同期**をとる必要がある。

（2）周波数分割多重伝送方式（FDM）

一つの伝送路で複数の信号を伝送する方式である。

主に中継区間における大容量伝送に適用されている。

アナログ伝送方式に使われ，**伝送周波数帯域を複数の帯域に分割して，各帯域に個別のチャネルを割り当てることにより，複数の利用者が同時に通信を行う。**

たとえば，伝送路の伝送帯域幅が48kHzである場合，1チャネル4kHz帯域幅の音声信号を12チャネルに多重化することができる。

光アクセスネットワーク

経済的なシステムを構築するため，双方向伝送に1心の光ファイバケーブルを用いることが多い。

その実現技術には，**TCM（時間軸圧縮多重）方式**や，**WDM（波長分割多重）方式**がある。

TCMは，上り方向の信号と下り方向の信号を，時間を分けて交互に伝送することにより，光ファイバケーブル1心で双方向多重伝送を行う。

一方，WDMは，上り方向の信号と下り方向の信号にそれぞれ個別の波長を割り当てることにより，TCMと同様，光ファイバケーブル1心で双方向多重伝送を行う。

54

5-5　光変調方式

電気信号を変換回路を用いて光の属性である**振幅，周波数，位相**などを変調して光信号にすることを光変調という。

電気信号を光信号に変換する方法には大きく分けて**直接変調方式**と**外部変調方式**がある。

(1) 直接変調方式

LED（発光ダイオード）やLD（レーザダイオード）などの発光素子の駆動電流を変化させることにより電気信号から光信号への変換を行う。

構成が簡単で小型化できるという利点がある。

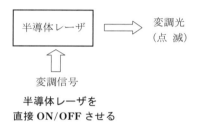

半導体レーザを
直接ON/OFFさせる

(2) 外部変調方式

半導体レーザからの出力光に対し，外部から変調を加える方式で，光を透過する媒体の屈折率や吸収係数などを変化させ，**電気光学効果，磁気光学効果，音響光学効果，熱光学効果，非線形光学効果**により，光の属性である**強度，周波数，位相**などを変化させ，高速で長距離伝送が可能となる。

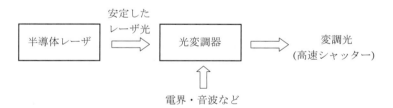

入力光を外部信号によって，
位相，振幅，振幅面などを変化させる

問1　次の各文章の□内に，それぞれの解答群の中から，最も適したものを選び，その番号を記せ。

(1)　図に示す回路において，抵抗 R_1 に加わる電圧が 10 ボルトとき，抵抗 R_3 で消費する電力は，(ア) ワットである。

① 8
② 18
③ 28

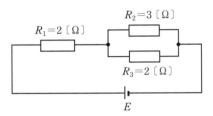

(2)　図に示す回路において，回路に 4 アンペアの交流電流が流れているとき，端子 a-b 間に現れる電圧は，(イ) ボルトである。

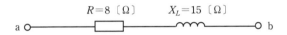

① 68
② 80
③ 92

(3)　抵抗とインダクタンスの直列回路の両端に交流電圧を加えたとき，電圧の位相は，流れる電流の位相に対して，(ウ)。

① 同じである
② 遅れている
③ 進んでいる

(4)　断面が円形の導線の長さを 9 倍にしたとき，導線の抵抗値を変化させないようにするためには，導線の直径を (エ) 倍にすればよい。

① $\dfrac{1}{3}$　　② 3　　③ 9

問2 次の各文章の □ 内に，それぞれの解答群の中から，最も適したものを選び，その番号を記せ。

(1) n形半導体の多数キャリアは，(ア) であり，キャリアが動くことによって電流が流れる。

① イオン
② 自由電子
③ 正孔

(2) 図において，信号源の入力電圧 V_S と入力側に戻る電圧 V_F とによって，増幅回路の入力電圧 V_I を合成するとき，V_S と V_F とが (イ) の関係にある帰還（フィードバック）を生帰還といい，発振回路に用いられる。

① 直列
② 並列
③ 逆位相
④ 同位相

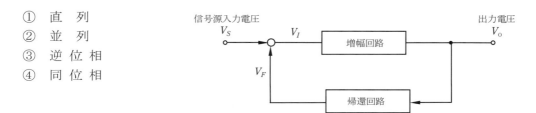

(3) 可変容量ダイオードは，コンデンサの働きを持つ半導体素子であり pn 接合ダイオードに加える (ウ) 電圧の大きさを変化させることにより，静電容量が変化することを利用している。

① 低周波
② 高周波
③ 逆方向
④ 順方向

(4) トランジスタによる増幅回路を構成する場合のバイアス回路は，トランジスタの動作点の設定を行うために必要な (エ) を供給するために用いられる。

① 入力信号　② 出力信号　③ 交流電流　④ 直流電流

(5) トランジスタ回路において，ベース電流が 30 マイクロアンペア，エミッタ電流が 2.62 ミリアンペアのとき，コレクタ電流は (オ) ミリアンペアである。

① 2.32　　② 2.59　　③ 2.65

問3 次の各文章の　　　内に，それぞれの解答群の中から，最も適したものを選び，その番号を記せ。

(1) 図1，図2及び図3に示すベン図において，A，B及びCが，それぞれの円の内部を表すとき，斜線部分を示す論理式が $A \cdot \overline{B} + B \cdot \overline{C} + \overline{B} \cdot C$ と表すことができるベン図は，(ア) である。

図1

図2

図3

① 図1　　② 図2　　③ 図3

(2) 表に示す2進数の X_1，X_2 について，各桁それぞれに論理積を求め2進数で表記した後，10進数に変換すると，(イ) になる。

① 257
② 511
③ 768

2進数
$X_1 = 110101011$
$X_2 = 101010101$

(3) 図4に示す論理回路において，Mの論理素子が (ウ) であるとき，入力a及び入力bと出力cとの関係は，図5に示される。

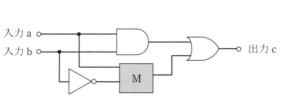
図4

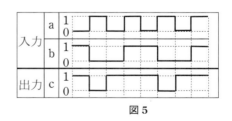
図5

(4) 次の論理関数Xは，ブール代数の公式等を利用して変形し，簡単にすると，(エ) になる。　　$X = \overline{(A + \overline{B})} + \overline{(B + \overline{C})} + \overline{(\overline{A} + B)} + \overline{(\overline{B} + C)}$

① 0
② $\overline{A}$
③ $A \cdot \overline{C} + \overline{A} + C$

問4 次の各文章の 内に，それぞれの解答群の中から，最も適したものを選び，その番号を記せ。

(1) 図において，電気通信回線への入力電力が22ミリワット，その伝送損失が1キロメートル当たり (ア) デシベル，増幅器の利得が8デシベル のとき。電力計の読みは2.2ミリワットである。ただし，入出力各部のインピーダンスは整合しているものとする。

① 0.6
② 0.8
③ 1.0

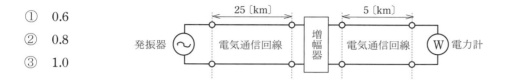

(2) 同軸ケーブルの漏話は，導電的な結合により生ずるが，一般に，その大きさは，通常の伝送周波数帯域において，伝送される信号の周波数が低くなると (イ) 。

① ゼロとなる
② 小さくなる
③ 大きくなる

(3) 特性インピーダンスが Z_0 の通信回線に負荷インピーダンス Z_1 を接続する場合， (ウ) のとき接続点での入射電圧波は，同位相で全反射される。

① $Z_1 = Z_0$
② $Z_1 = \dfrac{Z_0}{2}$
③ $Z_1 = \infty$

(4) 信号電力を P_S ワット，雑音電力を P_N ワットすると，信号電力対雑音電力比 は， (エ) デシベルである。

① $10 \log_{10} \dfrac{P_N}{P_S}$
② $10 \log_{10} \dfrac{P_S}{P_N}$
③ $20 \log_{10} \dfrac{P_N}{P_S}$
④ $20 \log_{10} \dfrac{P_S}{P_N}$

基礎科目　工事担任者試験　過去問題 1 (16' 5)

問 5　次の各文章の　　　　内に，それぞれの解答群の中から，最も適したものを選び，その番号を記せ。

(1)　振幅変調によって生じた上側波帯と下側波帯のいずれかを用いて信号を伝送する方法は，(ア) 伝送といわれる。

① 両側波帯（DSB）
② 単側波帯（SSB）
③ 残留側波帯（VSB）

(2)　デジタル伝送における信号の多重化には，複数の信号を時間的に少しずつずらして配列する (イ) 方式がある。

① TDM
② SDM
③ FDM

(3)　4 キロヘルツ帯域幅の音声信号を 8 キロヘルツで標本化し，64 キロビット/秒で伝送するためには，1 標本当たり，(ウ) ビットで符号化する必要がある。

① 7
② 8
③ 16

(4)　デジタル伝送路などにおける伝送品質の評価尺度の一つであり，測定時間中に伝送された符号（ビット）の総数に対する，その間に誤って受信された符号（ビット）の個数の割合を表したものは (エ) といわれる。

① BER
② $\%SES$
③ $\%EFS$

(5)　光ファイバで双方向通信を行う方式として，(オ) 技術を用いて上り方向の信号と下り方向の信号にそれぞれ別の光波長を割り当てることにより，1 心の光ファイバで上り方向の信号と下り方向の信号を同時に送受信可能とする方式がある。

① WDM
② PAM
③ PWM

基礎科目　工事担任者試験　過去問題2 (16' 11)

問1　次の各文章の□内に，それぞれの解答群の中から，最も適したものを選び，その番号を記せ。

(1)　図に示す回路において，抵抗 R_1 に流れる電流が4アンペアのとき，この回路に接続されている電池 E の電圧は，(ア) ボルトである。ただし，電池の内部抵抗は無視するものとする。

① 12
② 16
③ 20

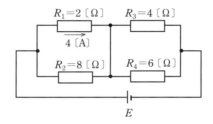

(2)　図に示すように，最大指示値が40ミリアンペア，内部抵抗 r が8オームの電流計Aに，(イ) オームの抵抗 R を並列に接続すると，最大440ミリアンペアの電流 I を測定できる。

① 0.6
② 0.8
③ 1.0

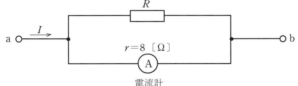

(3)　平行板コンデンサにおいて，両極板間に V ボルトの直流電圧を加えたところ，一方の極板に $+Q$ クーロン，他方の極板に $-Q$ クーロンの電荷が現れた。このコンデンサの静電容量を C ファラドとすると，これらの間には，$Q=$ (ウ) の関係がある。

① $\frac{1}{2}CV$
② CV
③ $2CV$

(4)　コイルのインダクタンスを大きくするには，(エ) 方法がある。

① コイルの中心に比透磁率の大きい磁性体を挿入する
② 巻線の断面積を小さくする
③ 巻線の巻数を少なくする

問2 次の各文章の_____内に，それぞれの解答群の中から，最も適したものを選び，その番号を記せ。

(1) 真性半導体に不純物が加わると，結晶中において共有結合を行う電子に過不足が生じてキャリアが生成されることにより，(ア) が増大する。

① 抵抗率
② 導電率
③ 禁制帯幅

(2) 図に示すトランジスタ増幅回路において，正弦波の入力信号電圧 V_I に対する出力電圧 V_{CE} は，この回路の動作点を中心に変化し，コレクタ電流 I_C が最大のとき，V_{CE} は (イ)。

① 最小となる
② 最大となる
③ ゼロになる

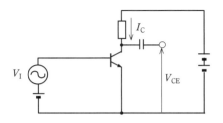

(3) トランジスタ回路は，接地方式によりそれぞれの特徴を有するが，電力増幅作用が最も大きいのは，(ウ) 接地方式である。

① エミッタ
② ベース
③ コレクタ

(4) 電話機の衝撃性雑音の吸収回路などに用いられる (エ) は，印加電圧がある値を超えると，その抵抗値が急激に低下して電流が増大する非直線性を持つ素子である。

① PINダイオード
② バリキャップ
③ バリスタ

(5) トランジスタ回路において，ベース電流が90マイクロアンペア，コレクタ電流が2.71ミリアンペア流れるとき，エミッタ電流は，(オ) ミリアンペアとなる。

① 2.62
② 2.74
③ 2.80

問3 次の各文章の　　　内に，それぞれの解答群の中から，最も適したものを選び，その番号を記せ。

(1) 図1，図2及び図3に示すベン図において，A，B及びCが，それぞれの円の内部を表すとき，図1，図2及び図3の斜線部分を示すそれぞれの論理式の論理積は，(ア) と表すことができる。

① $\overline{A} \cdot B \cdot C$　　② $A \cdot B \cdot \overline{C}$　　③ $A \cdot \overline{B} \cdot C$

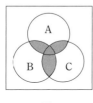

図1

図2

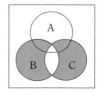

図3

(2) 表に示す2進数の X_1，X_2 を用いて，計算式(加算)$X_0 = X_1 + X_2$ から X_0 を求め2進数で表記した後，10進数に変換すると，(イ) になる。

① 501
② 920
③ 1,012

2進数
$X_1 = 110111011$
$X_2 = 111011101$

(3) 図4に示す論理回路において，Mの論理素子が (ウ) であるとき，入力a及びbと出力cとの関係は，図5で示される。

① ② ③ ④

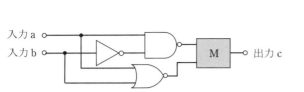

図4

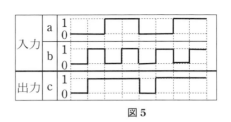

図5

(4) 次の論理関数 X は，ブール代数の公式等を利用して変形し，簡単にすると，(エ) になる。　$X = (\overline{A} + \overline{B}) \cdot (\overline{A} + C) + \overline{(A + \overline{B})} + \overline{(A + C)}$

① $B + \overline{C}$
② $\overline{B} + C$
③ $A + B + \overline{C}$

問4 次の各文章の 内に，それぞれの解答群の中から，最も適したものを選び，その番号を記せ。

(1) 図において，電気通信回線への入力電力が160ミリワット，その伝送損失が1キロメートル当たり0.9デシベル，電力計の読みが1.6ミリワットのとき，増幅器の利得は，(ア)デシベルである。ただし，入出力各部のインピーダンスは整合しているものとする。

① 6
② 16
③ 26

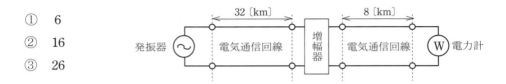

(2) 無限長の一様線路における入力インピーダンスは，その線路の特性インピーダンス(イ)。

① の$\frac{1}{2}$である
② と等しい
③ の2倍である

(3) 誘導回線の信号が被誘導回線に現れる漏話のうち，誘導回線の信号の伝送方向を正の方向とし，その反対方向を負の方向とすると，負の方向に現れるものは(ウ)漏話といわれる。

① 直接
② 間接
③ 遠端
④ 近端

(4) 特性インピーダンスがZ_0の通信回路に負荷インピーダンスZ_1を接続する場合，(エ)のとき，接続点での入射電圧波は，逆位相で全反射される。

① $Z_1=0$ ② $Z_1=\frac{Z_0}{2}$ ③ $Z_1=Z_0$

基礎科目　工事担任者試験　過去問題 2 (16' 11)

問5　次の各文章の 　　　 内に，それぞれの解答群の中から，最も適したものを選び，その番号を記せ。

(1)　デジタル信号の変調において，デジタルパルス信号の 1 と 0 に対応して正弦搬送波の周波数を変化させる方式は，一般に， (ア) といわれる。

　① ASK
　② FSK
　③ PSK

(2)　伝送周波数帯域を複数の帯域に分割し，各帯域にそれぞれ別のチャネルを割り当てることにより，複数の利用者が同時に通信を行うことができる多元接続方式は， (イ) といわれる。

　① FDMA
　② TDMA
　③ CDMA

(3)　標本化定理によれば，サンプリング周波数を，アナログ信号に含まれている (ウ) の 2 倍以上にすると，元のアナログ信号の波形が復元できるとされている。

　① 最低周波数
　② 平均周波数
　③ 最高周波数

(4)　デジタル伝送方式における雑音などについて述べた次の二つの記述は， (エ) 。

　A　アナログ信号をデジタル信号に変換する過程で生ずる雑音には，量子化雑音がある。

　B　再生中継伝送を行っているデジタル伝送方式では，中継区間で発生した雑音や波形ひずみは，一般に，次の中継区間には伝達されない。

　① Aのみ正しい　　　② Bのみ正しい
　③ AもBも正しい　　④ AもBも正しくない

(5)　石英系光ファイバは，光ファイバ中を伝搬する光のモード数の違いにより，シングルモード光ファイバとマルチモード光ファイバとに分けられ，一般に，シングルモード光ファイバのコア径はマルチモード光ファイバのコア径と (オ) 。

　① 比較して小さい
　② ほぼ同じである
　③ 比較して大きい

65

基礎科目　工事担任者試験　過去問題3 (17' 5)

問1　次の各文章の□□内に，それぞれの解答群の中から，最も適したものを選び，その番号を記せ。

(1) 図に示す回路において，100オームの抵抗に流れる電流 I が20ミリアンペア，200オームの抵抗に流れる電流 I_2 が2ミリアンペアであるとき，抵抗 R_2 は (ア) キロオームである。ただし，電池の内部抵抗は無視するものとする。

① 5.2
② 6.3
③ 7.4

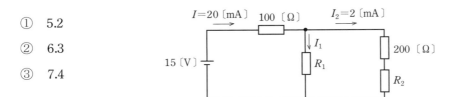

(2) 図に示す回路において，回路に流れる交流電流が4アンペアであるとき，端子 a－b 間の交流電圧は，(イ) ボルトである

① 16
② 24
③ 48

(3) 磁気回路において，磁束を Φ，起磁力を F，磁気抵抗を R とすると，これらの間には，$\Phi=$ (ウ) の関係がある。

① $\dfrac{R}{F}$
② $\dfrac{F}{R}$
③ RF

(4) 金属導体の抵抗値は，一般に金属導体の温度が (エ) 。

① 上昇しても変わらない
② 上昇すると減少する
③ 上昇すると増加する

問2　次の各文章の□□□内に，それぞれの解答群の中から，最も適したものを選び，その番号を記せ。

(1)　半導体のpn接合の接合面付近には，拡散と再結合によって電子などのキャリアが存在しない，(ア)といわれる領域がある。

① 禁制帯
② 絶縁層
③ 空乏層

(2)　図に示すトランジスタ増幅回路において，正弦波の入力信号電圧 V_I に対する出力電圧 V_{CE} は，この回路の動作点を中心に変化し，コレクタ電流 I_C が(イ)のとき，V_{CE} は最も小さくなる。

① 最小
② 最大
③ ゼロ

(3)　電界効果トランジスタは，半導体の(ウ)キャリアの流れを電界によって制御する電圧制御形のトランジスタに分類される半導体素子である。

① 多数
② 少数
③ 真性

(4)　トランジスタ増幅回路における(エ)回路は，トランジスタの動作点を設定するための回路である。

① バイアス
② 共振
③ 平滑

(5)　ベース接地トランジスタ回路において，コレクターベース間の電圧 V_{CB} を一定にして，エミッタ電流を2ミリアンペア変化させたところ，コレクタ電流が1.96ミリアンペア変化した。このトランジスタ回路の電流増幅率は，(オ)である。

① 0.04
② 0.98
③ 49

問3 次の各文章の___内に，それぞれの解答群の中から，最も適したものを選び，その番号を記せ。

(1) 図1及び図2に示すベン図においてA，B及びCが，それぞれの円の内部を表すとき，図1，図2の斜線部分を示すそれぞれの論理式の論理和は，　(ア)　と表すことができる。

① 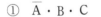 $\overline{A} \cdot B \cdot C$　　② 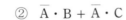 $\overline{A} \cdot B + \overline{A} \cdot C$　　③  $\overline{A} \cdot B + \overline{B} \cdot C$

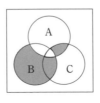
図1

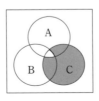
図2

(2) 表に示す2進数 X_1，X_2 について，各桁それぞれに論理和を求め2進数で表記した後，10進数に変換すると，　(イ)　になる。

① 20
② 29
③ 49

2進数
$X_1 = 11100$
$X_2 = 10101$

(3) 図3に示す論理回路において，Mの論理素子が　(ウ)　であるとき，入力a及びbと出力cとの関係は，図4で示される。

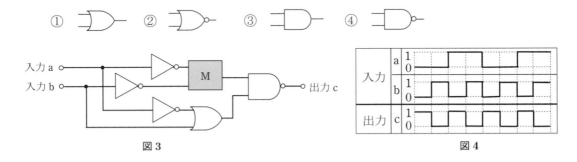
図3　　図4

(4) 次の論理関数Xは，ブール代数の公式等を利用して変形し，簡単にすると，　(エ)　になる。
$X = \overline{(A + \overline{C}) \cdot (\overline{B} \cdot C)} + \overline{(\overline{A} + C)} + \overline{(B + \overline{C})}$

① 0
② 1
③ $A \cdot \overline{B} + \overline{A} \cdot B$

問4 次の各文章の　　　内に，それぞれの解答群の中から，最も適したものを選び，その番号を記せ。

(1) 図において，電気通信回線への入力電力が27ミリワット，その伝送損失が1キロメートル当たり (ア) デシベル，増幅器の利得が14デシベルのとき，電力計の読みは2.7ミリワットである。ただし，入出力各部のインピーダンスは整合しているものとする。

① 0.6
② 0.8
③ 1.0

(2) 誘導回線の信号が被誘導回線に現れる漏話のうち，誘導回線の信号の伝送方向を正の方向とし，その反対方向を負の方向とすると，正の方向に現れるものは， (イ) 漏話といわれる。

① 直接
② 間接
③ 遠端
④ 近端

(3) 電力線からの誘導作用によって通信線(平衡対ケーブル)に誘起される (ウ) 電圧は，一般に，電力線の電圧に比例して変化する。

① 静電誘導
② 電磁誘導
③ 放電

(4) (エ) ミリワットの電力を絶対レベルで表すと，10〔dBm〕である。

① 1　　② 10　　③ 100

問5 次の各文章の ___ 内に，それぞれの解答群の中から，最も適したものを選び，その番号を記せ。

(1) デジタル信号の変調において，PSK（Phase Shift Keying）は，デジタルパルス信号の1と0のビットパターンに対応して正弦搬送波の (ア) を変化させる変調方式である。

① 周波数
② 位相
③ 振幅

(2) 一つの波長の光信号を N 本の光ファイバに分配したり，N 本の光ファイバからの光信号を1本の光ファイバに収束したりする機能を持つ光デバイスは， (イ) といわれ，特に，N が大きい場合は，光スターカプラともいわれる。

① 光分岐・結合品
② 光アイソレータ
③ 光共振器

(3) 伝送するパルス列の遅延時間の揺らぎは， (ウ) といわれ，光中継システムなどに用いられる再生中継器においては，タイミングパルスの間隔のふらつきや共振回路の同調周波数のずれが一定でないことなどに起因している。

① 相互変調
② ジッタ
③ 干渉

(4) 光ファイバで双方向通信を行う方式として， (エ) 技術を用いて上り方向の信号と下り方向の信号にそれぞれ別の光波長を割り当てることにより，1心の光ファイバで上り方向の信号と下り方向の信号を同時に送受信可能とする方式がある。

① PAM
② PWM
③ WDM

(5) デジタル信号の伝送系における品質評価尺度の一つに，測定時間中のある時間帯にビットエラーが集中的に発生しているか否かを判断するための指標となる (オ) がある。

① 平均オピニオン評点 (MOS)
② BER
③ $\%ES$

問1　次の各文章の ◻ 内に，それぞれの解答群の中から，最も適したものを選び，その番号を記せ。

(1)　図に示す回路において，端子 a－b 間の合成抵抗は，(ア) オームである。

① 8
② 9
③ 10

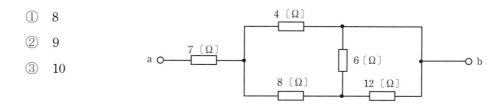

(2)　図に示す回路において，端子 a－b に 45 ボルトの交流電圧を加えたとき，この回路に流れる電流は (イ) アンペアである

① 3
② 5
③ 9

(3)　コンデンサに蓄えられる電気量とそのコンデンサの端子間の (ウ) との比は，静電容量といわれる。

① 電圧
② 静電力
③ 電荷

(4)　R オームの抵抗，L ヘンリーのコイル及び C ファラドのコンデンサを直列に接続した RLC 直列回路のインピーダンスは共振時に (エ) となる。

① 最大
② 最小
③ ゼロ

問2 次の各文章の 内に，それぞれの解答群の中から，最も適したものを選び，その番号を記せ。

(1) 半導体には電気伝導に寄与するキャリアの違いによりp形とn形があり，このうちn形の半導体における少数キャリアは，(ア) である。

① 自由電子
② イオン
③ 正 孔

(2) 図に示すトランジスタ回路において，ベース電流 I_B の変化に伴って，コレクタ電流 I_C が大きく変化する現象は，トランジスタの (イ) 作用といわれる。

① なだれ増倍
② 増 幅
③ スイッチング

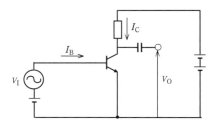

(3) ダイオードの順方向抵抗は，一般に，周囲温度が (ウ) 。

① 上昇すると大きくなる
② 上昇しても変化しない
③ 上昇すると小さくなる

(4) トランジスタによる増幅回路を構成する場合のバイアス回路は，トランジスタの動作点の設定を行うために必要な (エ) を供給するために用いられる。

① 入力信号
② 出力信号
③ 交流電流
④ 直流電流

(5) トランジスタ回路において，ベース電流が (オ) マイクロアンペア，コレクタ電流が 2.48 ミリアンペア流れているとき，エミッタ電流は 2.52 ミリアンペアとなる。

① 0.04
② 40
③ 50

問3 次の各文章の 　　 内に，それぞれの解答群の中から，最も適したものを選び，その番号を記せ。

(1) 図1，図2及び図3に示すベン図においてA，B及びCが，それぞれの円の内部を表すとき，斜線部分を示す論理式が $\overline{A} \cdot C + B \cdot \overline{C} + \overline{B} \cdot C$ と表すことができるベン図は，　(ア)　である。

① 図1　② 図2　③ 図3

図1

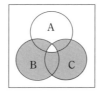

図2

図3

(2) 図4に示す論理回路において，入力A及びBから出力Cの論理式を求め変形せずに表すと，C= (イ) となる。

① $(\overline{A} + \overline{B}) + \overline{\overline{A} \cdot B}$
② $\overline{(\overline{A} + \overline{B})} \cdot (\overline{A} + \overline{B})$
③ $A \cdot \overline{B} + \overline{(\overline{A} + \overline{B})}$

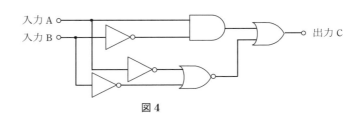

図4

(3) 図5に示す論理回路において，Mの論理素子が (ウ) であるとき，入力a及びbと出力cとの関係は，図6で示される。

①  ② ③ ④

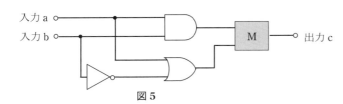

図5

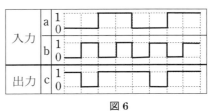

図6

(4) 次の論理関数Xは，ブール代数の公式等を利用して変形し，簡単にすると，(エ)になる。　$X = (\overline{A} + B) \cdot (B + \overline{C}) + (A + B) \cdot (\overline{A} + \overline{C})$

① B　② $B + \overline{C}$　③ $\overline{A} \cdot B + B \cdot \overline{C}$

問4 次の各文章の 内に，それぞれの解答群の中から，最も適したものを選び，その番号を記せ。

(1) 図において，電気通信回線への入力電力が160ミリワット，その伝送損失が1キロメートル当たり0.8デシベル，電力計の読みが1.6ミリワットのとき，増幅器の利得は， (ア) デシベルである。ただし，入出力各部のインピーダンスは整合しているものとする。

① 8
② 10
③ 12

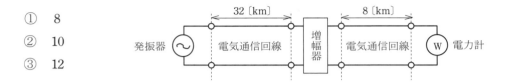

(2) ケーブルにおける漏話について述べた次の二つの記述は， (イ) 。

A 平衡対ケーブルを用いて構成された電気通信回線間の電磁結合による漏話は，心線間の相互誘導作用により生ずるものであり，その大きさは，誘導回線の電流に反比例する。

B 同軸ケーブルの漏話は，導電結合により生ずるが，一般に，その大きさは，通常の伝送周波数帯域において伝送される信号の周波数が低くなると大きくなる。

① Aのみ正しい   ② Bのみ正しい
③ AもBも正しい ④ AもBも正しくない

(3) 特性インピーダンスがZ_0の通信線路に負荷インピーダンスZ_1を接続する場合， (ウ) のとき，接続点での入射電圧波は，同位相で全反射される。

① $Z_1=Z_0$
② $Z_1=\dfrac{Z_0}{2}$
③ $Z_1=\infty$

(4) 平衡対ケーブルにおける誘導回線の信号電力をP_Sワット，被誘導回線の漏話による電力をP_Xワットとすると，漏話減衰量は， (エ) デシベルである。

① $10\log_{10}\dfrac{P_S}{P_X}$ ② $10\log_{10}\dfrac{P_X}{P_S}$ ③ $20\log_{10}\dfrac{P_S}{P_X}$ ④ $20\log_{10}\dfrac{P_X}{P_S}$

問5 次の各文章の ____ 内に，それぞれの解答群の中から，最も適したものを選び，その番号を記せ。

(1) 搬送波として連続する方形パルスを使用し，入力信号の振幅に対応して方形パルスの (ア) を変化させる変調方式は，PWM (Pulse Width Modulation) といわれる。

① 幅　　　② 強度　　　③ 位置

(2) 光ファイバ通信で用いられる光変調方式の一つに，LED や LD などの光源の駆動電流を変化させることにより，電気信号から光信号への変換を行う (イ) 変調方式がある。

① 間接　　　② 直接　　　③ 角度

(3) 4キロヘルツ帯域幅の音声信号を8キロヘルツで標本化し，64キロビット/秒で伝送するためには，1標本当たり， (ウ) ビットで符号化する必要がある。

① 8　　　② 16　　　③ 32

(4) デジタル伝送方式における雑音などについて述べた次の二つの記述は， (エ) 。

A 再生中継伝送を行っているデジタル伝送方式では，中継区間で発生した雑音や波形ひずみは，一般に，次の中継区間には伝達されない。

B アナログ信号をデジタル信号に変換する過程で生ずる雑音には，量子化雑音がある。

① Aのみ正しい　　　② Bのみ正しい
③ AもBも正しい　　　④ AもBも正しくない

(5) デジタル伝送に用いられる伝送路符号には，伝送路の帯域を変えずに情報の伝送速度を上げることを目的とした (オ) 符号がある。

① ハミング　　　② 多値　　　③ CRC

問1　次の各文章の□内に，それぞれの解答群の中から，最も適したものを選び，その番号を記せ。

(1)　図に示す回路において，端子 a－b 間の合成抵抗は，（ア）オームである。

① 1.6
② 2.0
③ 2.4

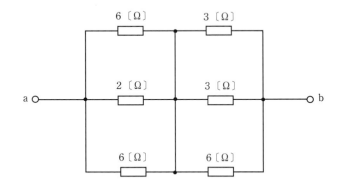

(2)　図に示す回路において，端子 a－b 間に 6.0 アンペアの交流電流が流れているとき，端子 a－b 間の交流電圧は，（イ）ボルトである

① 6.6
② 7.8
③ 8.4

(3)　磁気回路において，磁束を ϕ，起磁力を F，磁気抵抗を R とすると，これらの間には，$\phi =$ （ウ）の関係がある。

① $\dfrac{F}{R}$
② $\dfrac{R}{F}$
③ RF

(4)　電荷を帯びていない導体球に帯電体を接触させないように近づけたとき，両者の間には（エ）。

① 力は働かない
② 引き合う力が働く
③ 反発し合う力が働く

問2 次の各文章の　　　内に，それぞれの解答群の中から，最も適したものを選び，その番号を記せ。

(1) 純粋な半導体の結晶内に不純物原子が加わると， (ア) 結合を行う結晶中の電子に過不足が生ずることによりキャリアが発生し，導電性が高まる。

　① 共　有
　② イオン
　③ 誘　導

(2) 図に示すトランジスタ増幅回路において，正弦波の入力信号電圧 V_I に対する出力電圧 V_{CE} は，この回路の動作点を中心に変化し，コレクタ電流 I_C が (イ) のとき，V_{CE} は最も小さくなる。

　① ゼ　ロ
　② 最　小
　③ 最　大

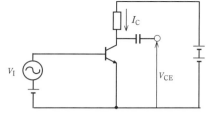

(3) pn接合ダイオードに光を照射すると光の強さに応じた電流が流れる現象である光電効果を利用して，光信号を電気信号に変換する機能を持つ半導体素子は，一般に， (ウ) といわれる。

　① 発光ダイオード
　② 可変容量ダイオード
　③ ホトダイオード

(4) 加えられた電圧がある値を超えると急激に (エ) が低下する非直線性の特性を利用し，サージ電圧から回路を保護するためのバイパス回路などに用いられる半導体素子は，バリスタといわれる。

　① 抵抗値
　② 容量値
　③ インダクタンス

(5) トランジスタ回路において，ベース電流が40マイクロアンペア，エミッタ電流が2.62ミリアンペアのとき，コレクタ電流は (オ) ミリアンペアである。

　① 2.22
　② 2.58
　③ 2.66

問3　次の各文章の　　　　内に，それぞれの解答群の中から最も適したものを選び，その番号を記せ。

(1)　図1，図2及び図3に示すベン図においてA，B及びCが，それぞれの円の内部を表すとき，図1，図2及び図3の斜線部分を示すそれぞれの論理式の論理積は，　(ア)　と表すことができる。

① $A \cdot B + B \cdot C$　② $A \cdot \overline{B} \cdot C + \overline{A} \cdot B \cdot C$　③ $\overline{A} \cdot B \cdot C$

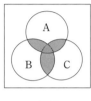
図1

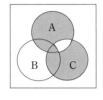
図2

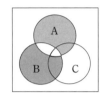
図3

(2)　表に示す2進数のX_1，X_2を用いて，計算式（加算）$X_0 = X_1 + X_2$からX_0を求め2進数で表記した後，10進数に変換すると，　(イ)　になる。

① 481
② 737
③ 1,474

2進数
$X_1 = 110001100$
$X_2 = 101010101$

(3)　図4に示す論理回路において，Mの論理素子が　(ウ)　であるとき，入力a及びbと出力cとの関係は，図5で示される。

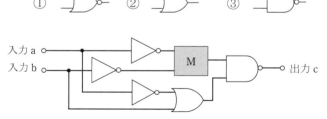
図4

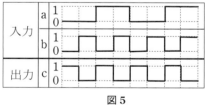
図5

(4)　次の論理関数Xは，ブール代数の公式等を利用して変形し，簡単にすると，　(エ)　になる。　$X = (A + B) \cdot (A + \overline{C}) + (\overline{A} + \overline{B}) \cdot (\overline{A} \cdot C)$

① 1　② $A + B + \overline{C}$　③ $A + B \cdot \overline{C}$

問4 次の各文章の　　　　内に，それぞれの解答群の中から，最も適したものを選び，その番号を記せ。

(1) 図において，電気通信回線への入力電力が22ミリワット，その伝送損失が1キロメートル当たり (ア) デシベル，増幅器の利得が8デシベルのとき，電力計の読みは2.2ミリワットである。ただし，入出力各部のインピーダンスは整合しているものとする。

① 0.6
② 1.0
③ 1.4

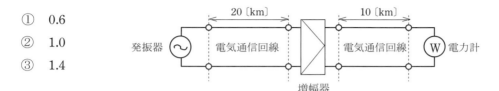

(2) 無限長の一様線路における入力インピーダンスは，その線路の特性インピーダンス (イ) 。

① の $\frac{1}{2}$ である
② の2倍である
③ と等しい

(3) 路線の接続点に向かって進行する信号波の接続点での電圧を V_F とし，接続点で反射される信号波の電圧を V_R としたとき，接続点における電圧反射係数は (ウ) で表される。

① $\dfrac{V_R}{V_F + V_R}$
② $\dfrac{V_F - V_R}{V_F}$
③ $\dfrac{V_R}{V_F}$
④ $\dfrac{V_F}{V_R}$

(4) 信号電力を P_S ワット，雑音電力を P_N ワットとすると，信号電力対雑音電力比は， (エ) デシベルである。

① $10 \log_{10} \dfrac{P_N}{P_S}$
② $10 \log_{10} \dfrac{P_S}{P_N}$
③ $20 \log_{10} \dfrac{P_N}{P_S}$
④ $20 \log_{10} \dfrac{P_S}{P_N}$

問5 次の各文章の 内に，それぞれの解答群の中から，最も適したものを選び，その番号を記せ。

(1) デジタル信号の変調において，デジタルパルス信号の1と0に対応して正弦搬送波の周波数を変化させる方式は，一般に， (ア) といわれる。

① PSK ② ASK ③ FSK

(2) ユーザごとに割り当てられたタイムスロットを使用し，同一の伝送路を複数のユーザが時分割して利用する多元接続方式は， (イ) といわれる。

① CDMA ② TDMA ③ FDMA

(3) 光ファイバで双方向通信を行う方式として， (ウ) 技術を用いて，上り方向の信号と下り方向の信号にそれぞれ別の光波長を割り当てることにより，1心の光ファイバで上り方向の信号と下り方向の信号を同時に送受信可能とする方式がある。

① WDM ② PWM ③ PAM

(4) デジタル伝送路などにおける伝送品質の評価尺度の一つであり，測定時間中に伝送された符号（ビット）の総数に対する，その間に誤って受信された符号（ビット）の個数の割合を表したものは (エ) といわれる。

① %EFS ② BER ③ %SES

(5) 光アクセスネットワークなどに使用されている光スプリッタは，光信号を電気信号に変換することなく，光信号の (オ) を行うデバイスである。

① 分岐・結合 ② 変調・復調 ③ 発光・受光

第2編

端末設備の接続のための 技術及び理論

DD3種工事担任者の工事範囲

ADSL，FTTH，CATV インターネットなどのブロードバンド回線に，インターネットや **IP** 電話を行うための端末設備や自営電気通信設備を接続する工事

「デジタル伝送路設備に端末設備等を接続するための工事（接続点におけるデジタル信号の入出力速度が **1Gbit/s** 以下であって，主としてインターネットに接続するための回線に限る。）。

ただし，総合デジタル通信用設備に端末設備等を接続するための工事を除く。」と規定されている。

第1章　端末設備と接続工事の技術

1-1　ブロードバンド回線

（1）通信用ケーブル

　通信用ケーブルは大きく分けて，**メタリックケーブル**と**光ファイバケーブル**がある。

　メタリックケーブルは，導体として銅線を使ったケーブルで，同軸ケーブル，構内ケーブルなど多くの種類がある。

　光ファイバケーブルは，石英ガラスまたはプラスチックを使った光ファイバの中を，光によって信号を伝送するケーブルである。

（2）UTPケーブル（Unshielded Twist Pair Cable：非シールドより対線）(p.90参照)

　LANの配線に使われる**UTPケーブル**（**LANケーブル**）は，**4対8本**のより対線をもつケーブルで，一般に金属のシールドを施していない**UTP**が使われている。

　LANでは，通常**カテゴリ5**以上のものが使われている。

　UTPケーブルの心線は，それぞれ**8極8心**の**RJ－45モジュラプラグ**の該当するピン番号(p.97参照)に接続する。

（3）モジュラコード

　アナログ電話機などを壁面のモジュラジャックに接続するときは，電話用の**モジュラコード**が使われる。

　モジュラコードの両端には，**6極2心**の**RJ－11モジュラプラグ**を接続する。

RJ—11

　また，**パソコン**などと**接続**するときには，**8極8心**の**RJ－45モジュラプラグ**と**モジュラジャック**を使用する。

1-2　ADSLモデム・スプリッタ

　ADSLは，アナログ電話用設備である**公衆電話網**のアクセス回線として使われている加入者線のメタリックケーブルで 4kHz 以上の周波数帯域を使用して，下り最大 6〜50Mbit/s，上り最大 640〜3Mbit/s の高速で**データ信号を伝送する**サービスを提供している。
　ADSLサービスには，ADSL信号とアナログ電話の音声信号を同じアクセス回線で（**物理回線**）伝送する「**電話共用型 ADSL サービス**」と，アクセス回線を ADSL 信号の伝送のみに使用する「**専用型 ADSL サービス**」がある。

電話共用型 ADSLサービス

（1）ADSL モデム

　ADSLサービスの加入者宅に設置される装置であり，データ信号を変調・復調する機能を持つ。具体的には，パーソナルコンピュータ（PC）や LAN などで使用するベースバンド信号を，高周波数帯を使用する **ADSL 信号に変換（変調）**したり，その逆に **ADSL 信号をベースバンド信号に変換（復調）**する。なお，この変調方式には **DMT**（Discrete Multi − Tone）**方式**が用いられている。DMT 方式では，送信データが複数の帯域に分散されるので，1 つの帯域が利用できなくても他の帯域で通信を維持することができる。

（2）スプリッタ（光分岐・詰合器）

　加入者線には 4kHz 以下の**低い周波数帯の電話音声**と 26kHz より**高い周波数帯のデータ**（**DMT 方式**で変調された）**信号**が同時に流れることになる。このため，ユーザ宅と電気通信事業者の設備センタ側の両方に**スプリッタ**と呼ばれるフィルタを設置し，これら二つの信号を**合成**して多重化したり，多重化された信号から音声信号とデータ信号を**分離**する装置である。
　主な機能は，低い周波数帯域の信号だけを通過させ，高い周波数帯域の信号を阻止する**ローパスフィルタ**で，他の機器を経由せずに電気通信事業者側設備との分界点を経てアナログ電話サービスの提供を受けることができる。

> 　**スプリッタ**は，コイルやコンデンサ，抵抗等の**受動電気回路素子**で構成されている。このため，スプリッタ単体の電源は不要であり，ユーザ側の電源が停電した場合でも，スプリッタを経由して**電気通信事業者からの給電**（−48V）により動作する固定電話機を利用することができる。

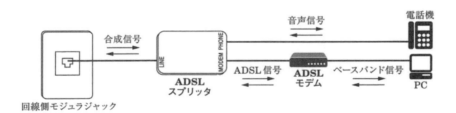

電話共用型 ADSL サービスの接続構成例

専用型 ADSL サービス

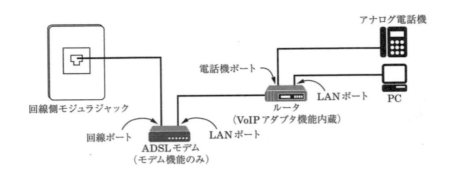

専用型 ADSL サービスの接続構成例

アクセス回線には ADSL 信号のみが流れ，アナログ電話の音声信号は流れない。そのため，ADSL 信号と音声信号を分離・合成する ADSL スプリッタは取り付ける必要がなく，ADSL モデムを電気通信事業者のアクセス回線に，回線ポートから直接接続する。

専用型 ADSL サービスにおいて，アナログ電話機で IP 電話サービスを利用するためには，VoIP アダプタ機能を内蔵した ADSL モデムの電話機ポートにアナログ電話機を取り付けるか，モデム機能のみを持つ ADSL モデムの **LAN ポート**に VoIP アダプタ機能を内蔵したルータなどを接続し，その機器の電話機ポートにアナログ電話機を取り付ける。

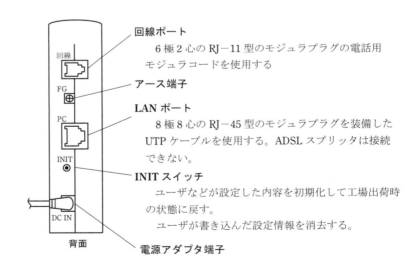

ADSL モデム（モデム機能のみの装置）の背面の例

1-3 IP電話

有線IP電話機の外観例

　IP電話機には、LANケーブルを使用する**有線IP電話機**と電波を使用する**無線IP電話機**がある。このうち**有線IP電話機**には、一般に、**背面または底面にLANポートが備わっており、LANケーブルを接続できるようになっている**。また、このLANケーブルを用いてIPネットワークに直接接続し、通話を行う。

　IP電話機は、電話の**音声信号のデジタル符号化・IPパケット化**を行い、呼制御サーバとの間で呼制御のためのIPパケットをやり取りし、着信側のIP電話機との間で呼が確立すると、通信相手との間で直接、音声情報のIPパケットをやり取りして通話を行う。

　IP電話サービスの電話番号体系には、0AB〜J番号が付与されるものと、050で始まる番号が付与されるものがある。

IP電話の呼制御プロトコル

　IP電話は、音声データをIPパケットに格納して**IPネットワークで伝送するVoIP**技術を使用した通信システムである。パケット交換方式の**VoIP**においては、回線交換方式の加入電話と同様に、通信端末間で通信相手を確認して呼び出し、通話をするための条件や環境を整え、また通話の終了後に元に戻すことが必要である。これらの制御を行うプロトコルを**呼制御プロトコル**といい、ITU-T勧告**SIP**、**H.323**、**MGCP**、**Megaco/H.248**がある。

SIP（Session Initiation Protocol）

　1996年に**ITU-T**（国際電気通信連合の電気通信標準化部門）において勧告化された。

　IETF（インターネット技術標準化委員会）のRFC3261において標準化された**呼制御（シグナリング）プロトコル**であり、IPネットワーク上で音声や動画などを双方向でリアルタイムにやりとりするために、クライアント/サーバ間における**セッションを生成、変更、切断**などについて**標準化**されたSIPの技術は、インターネット電話やIP電話などの呼の設定や解放を行う。
　また、マルチメディア配信などが含まれる。

　SIPは、インターネット・プロトコル（**アプリケーション層**）をベースに開発されているので、**IPネットワークとの親和性が高く拡張性があり**、また、呼制御に使うメッセージはテキスト形式で分かりやすいなど、さまざまな利点を有していることから、現在では**IP電話の呼制御プロトコル**として広く普及し、**IPv4及びIPv6の両方で動作する**。

IEEE802.3afに対応しているIP電話機

IEEE802.3afとは，100BASE-TXイーサネットで使用しているLAN配線に接続するためには**非シールド撚り対線ケーブルの両端**に**RJ-45**といわれる**8ピン・モジュラプラグ**を取り付けたUTPケーブルが用いられ，信号対又は予備対（空き対）の2対を用いてネットワーク機器に電力を供給する標準使用のことをいい，一般に，**PoE**と呼ばれている。(p.95参照)

給電側の機器（PSE）は給電を開始する前にIEEE802.3af準拠のIP電話機であることを検知する。

この規格に対応したIP電話機のハンドセットコネクタなどの機能として次のものが挙げられる。

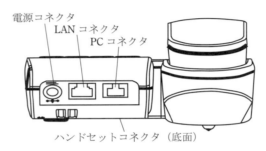

IEEE802.3afに対応しているIP電話機の背面

① 電源コネクタ

LANコネクタに接続されるケーブルが**給電スイッチングハブ**からの場合は，電源コネクタにACアダプタの出力を接続しない。

② LANコネクタ

LANケーブルを用いて**スイッチングハブ**に接続するためのコネクタポートである。

LANコネクタに接続されるケーブルが**給電スイッチングハブ**からのものである場合は，このIP電話器は使用可能となるので，電源コネクタにACアダプタを接続をすることなく，IP電話機が使用できる。

③ PCコネクタ

LANケーブルを用いてPCに接続するためのコネクタポートをいう。

スイッチングハブからのケーブルがLANコネクタに接続されている場合は，PCを使ってスイッチングハブにLAN配線を接続しない。

接続すると，スイッチングハブが中継するブロードキャストパケットがループし続け，ネットワークがダウンする恐れがある。

第1章　端末設備と接続工事の技術

1-4　VoIP (Voice over Internet Protocol)

IPネットワークを使う電話では，これまでの公衆電話網と違って**音声**や**呼制御**の信号もすべて**IPパケット**で伝送する。

VoIPとは，**IPネットワーク**を使用して**音声通信**を行うための技術の総称であり，電話を発信したり，受信したりする呼制御の手順，音声をデジタル化する音声符号化の技術，音声を運ぶIPパケットの遅延やゆらぎを抑え通話品質を保つ技術，電話番号からIPアドレスに変換するDNS関連技術などいろいろな技術が関連している。

（1）VoIP の音声品質

通信ネットワークなどで一定の品質を確保するように制御する技術のことを **QoS** (Quality of Service)**制御**という。

VoIP の QoS 制御では，音声パケットを一般のデータパケットより優先して転送する優先制御だけでなく，ゆらぎの吸収，遅延した音声パケットの処理などのいろいろな技術が必要である。

①　伝送遅延

電話音声が IP パケット化され，IP ネットワークを通して通信相手に届くまでの時間が遅れる現象である。

遅延には，送信側での**デジタル符号化遅延**，**IP パケット化遅延**，受信側での**ゆらぎ吸収遅延**，**複合化遅延**のように VoIP ゲートウェイや VoIP アダプタなどで固定的に発生するものと，IP ネットワーク機器での処理待ちや転送待ちなどのネットワークのトラフィックの状況によって変動するものがある。

遅延を軽減するために，音声データをパケット化する周期を短くしたり，音声パケットを他のパケットに優先して転送する**優先制御**などが行われる。

> **優先制御**
>
> 　音声とデータを統合した IP ネットワークで IP 電話機を使用する場合，音声パケットはリアルタイム性が要求され，パケットの遅延は通話品質に大きな影響を与えるので，多少遅延しても差し支えないデータパケットなどより優先して転送する優先制御を行う。この制御は，IP 電話機を接続する LAN スイッチなどのポートをはじめとして，途中を経由するネットワークを含む全体を通した優先制御が必要となる。

②　ゆらぎ（ジッタ）

音声パケットは，通常一定周期（間隔）で IP ネットワークに送出されるが，ネットワーク内のふくそう状況や中継機器の処理によっては，到着間隔が一定ではなくなってしまう。この音声パケットのばらつきを**ゆらぎ（ジッタ）**という。パケットの遅延時間のゆらぎにより，途切れや雑音等が発生して聞き取りにくくなる。

そこで，着信した音声パケットをいったんバッファメモリに蓄積してから等間隔に読み出すことで「ゆらぎ」を吸収し，パケットの間隔を揃えてから，音声パケットを分解して元のデジタル音声信号に戻し，さらにアナログ音声信号にする復合化処理を行う。

87

③ エコー

　　自分の声がネットワークを通って再び受話器に戻ってくる現象で，遅延が大きくなると遅れて聞こえる自分の声が目立つようになり，通話に支障をきたすことになる。

　　VoIP は公衆電話網に比べて一般に遅延が大きいので，VoIP ゲートウェイなどに**エコーキャンセラ機能**を持たせ，エコー信号を打ち消している。

④ パケットロス

　　送信した音声パケットがなんらかの原因で紛失し，受信側で音声として再現できない現象で，通話が不自然になったり，途切れたりして音声品質に影響を与える。

　　受信側端末における損失パケットの補填機能を持たせることが必要となる。

(2) VoIP ゲートウェイ

　　既設のアナログ電話機を IP 電話で利用するためには，**送信側で音声信号をデジタルの IP パケットに変換し，受信側では IP パケットを音声信号に変換する**処理を H.323 に準拠した **VoIP ゲートウェイ**で行う。

(3) VoIP ゲートキーパ

　　ITU－T 勧告 H.323 プロトコルに準拠した IP 電話システムを構成する場合に利用される装置で，電話番号と IP アドレスなどユーザの登録情報の管理，電話番号と IP アドレスの変換，呼制御，シーケンスの制御，通話記録の管理などを行う呼制御サーバである。

　　IP 電話の発着信などの呼制御の処理を行い，IP 電話機や VoIP ゲートウェイと連携して通話を実現する。

1-5 LAN

　LANは多数のネットワークに接続されているパソコンやサーバ，ルータなどの機器を相互に接続して構成されるが，その接続形態を網トポロジーといい，代表的なものとして，**バス型**，**リング型**，**スター型**等がある。

（1）バス型

　1本の伝送路（バス）にノードを接続する形態である。

　あるノードから送信された信号は伝送路を両端に向かって伝搬し，全ノードを通って終端で消滅する。

　あるノードが故障しても全体の通信に影響を及ぼすことが少なく，ノードの増設や撤去が容易である。

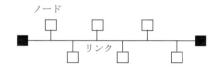

（2）リング型

　各ノードはリング状の伝送路に接続され，信号は一方向に循環する。隣接ノードから受信した信号が自局あてであれば取り込み，そうでなければ次のノードへ再生中継する。伝送路がリング状なので，一ヶ所でも故障が起きると全体の通信が停止してしまうので，伝送路の二重化などシステムダウン対策が重要である。

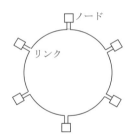

（3）スター型

　ハブなどの制御装置を中心にして各ノードを放射状（星型）に接続し，すべてのノードはハブを経由して接続される形態である。スター型では，ある一本の伝送路やノードが故障しても他のノードは影響を受けないが，ハブが故障するとシステムダウンになるので信頼性が要求される。バス型と同様に，ノードの増設や撤去が容易である。

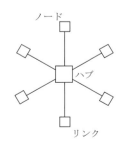

1-6 イーサネット

イーサネットLANは、現在企業ネットワークにおいて普及しているLANの形態である。

(1) 伝送媒体

　UTPケーブル(非シールドより対線)は、LANの配線部材として最も使用されているケーブルであり、**STP**ケーブルや光ファイバケーブルに比べて、**拡張性、施工性、柔軟性、コストの面で優れている。**

　UTPケーブルは4本(2対)または8本(4対)の心線からなり、それぞれ1対ずつの心線をより合わせることによって電磁誘導によるノイズなどの影響をできるだけ小さくするようにし、シールドをしていないものをいう。

非シールドより対線（UTP）

　UTPケーブルには品質を表すカテゴリの数字があり、数字が大きいものほど品質がよく、LANでは通常**カテゴリ5**以上のものが使われている。

　コネクタ箇所での心線の「撚り戻し長」（撚り戻す部分の長さ）が長いと、**近端漏話**によるノイズの影響を受けやすくなり、伝送品質が低下してしまう。心線の撚り戻し長は短いほどよく、カテゴリ5で13mm以下、カテゴリ6で6mm以下となるように規定または推奨されている。

　外部からのノイズを遮断するためのシールド（遮へい）加工が施されていないので、ノイズの影響を受ける。しかし、企業における通常のオフィス環境での使用に関しては問題なく、一般的に使用されている。

　UTPケーブルを用いたLANでは、最大伝送速度が10Mbit/sの**10BASE－T**、100Mbit/sの**100BASE－TX**がよく使用されている。

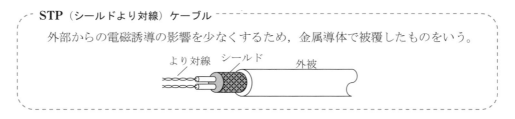

STP（シールドより対線）ケーブル
外部からの電磁誘導の影響を少なくするため、金属導体で被覆したものをいう。

① **10BASE－T**

　ケーブルを集線する機器（ハブ）を設置し、伝送媒体として**カテゴリ3～5のUTPケーブル**を用いて端末を**スター型**に接続する。このとき、端末のLANカードからハブまでの最大ケーブル長は**100m**まで可能となる。

　配線に用いるUTPケーブルの特性インピーダンスは100Ω±15%の範囲内に納める必要がある。また、UTPケーブルの両端に用いられるコネクタ（MDIコネクタ等）には、一般に、**RJ－45**と呼ばれる**8極8心**の**モジュラ式コネクタ**を用いる。

② 100BASE－TX

IP 電話機を，IEEE802.3u において標準化された 100BASE－TX の LAN 配線に接続する 100Mbit/s の伝送帯域を提供するファスト・イーサネットの伝送路規格の一つである。100BASE－TX は，**カテゴリ 5e 以上の UTPケーブル**（非シールドより対線）を使用して LAN を構成する。

接続形態は，中心にハブや LAN スイッチを設置するスター型である。UTP ケーブルを使用して接続するため，最大ケーブル長は 100m である。その両端には，通常，**RJ－45** と呼ばれる **8 ピン（8 極 8 心）のモジュラ式プラグ**を用いる。

なお，100BASE－TX 対応の LAN スイッチは，そのほとんどが 10BASE－T と互換性があり，10BASE－T と 100BASE－TX の端末を混在させて 1 つの LAN セグメントを構成することができる。

③ 1000BASE－T

トラヒックの著しい増加に対応するため，伝送速度が 1Gbit/s (1,000Mbit/s)のギガビットイーサネットが登場し，1998 年に IEEE802.3z および IEEE802.3ab として標準化された。ギガビットイーサネットはスター型の接続形態をとる。

これらのうち 1000BASE‐T イーサネットの LAN 配線工事では，一般に，**カテゴリ 5e 以上の UTP**(Unshielded Twist Pair：非シールド撚り対線)ケーブルの仕様が推奨されている。

なお，カテゴリ 5e の「e」は，エンハンスト(enhanced：拡張された)という意味である。

伝送路規格と適応伝送媒体

伝送路規格		伝送速度	適応する伝送媒体	最大延長距離
10BASE5	802.3	10Mbit/s	同軸ケーブル（二重シールド）	500m
10BASE－T	802.3i	10Mbit/s	UTP（カテゴリ 3 以上）	100m
100BASE－TX	802.3u	100Mbit/s	UTP（カテゴリ 5 以上）	100m
1000BASE－T	802.3ab	1000Mbit/s	UTP（カテゴリ 5e 以上）	100m

※ 当初 10BASE5 で同軸ケーブルがイーサネットに用いられていたが，10BASE－T・100BASE－TX・1000BASE－T などが標準化されてからは，UTP ケーブルを用いたネットワーク構成が多くなっている。

┌─ **カテゴリ** ─────────────────────────────

カテゴリはケーブルやコネクタなどの性能を表す数字で，数字が大きくなるほど性能がよいので 10BASE－T にカテゴリ 5 や 6 の UTP ケーブルを使用してもよい。

また，カテゴリ 5 の UTP ケーブルにカテゴリ 6 の RJ－45 コネクタを装着したコネクタ付き UTP ケーブルは，数字の小さい方の性能とみなされるので，JIS の規定によるとカテゴリ 5 の性能として扱わなければならない。

(2) 100BASE－TXのイーサネットLANの構成

複数のハブなどの通信装置どうしを接続してLANを構成することを，**カスケード接続**という。この接続によって，ネットワーク全体に接続可能なLAN機器の数を増やすことができる。

ハブをカスケード接続した多段構成の場合，1つのLANセグメントで10BASE－Tでは最大4段まで，**100BASE－TXでは最大2段までのハブを接続**することができる。その際，**ハブ間の距離は，5m以下**となるように配線する必要がある。

なお，100BASE－TXでは，ハブにクラス1とクラス2がある。クラス1はカスケード接続が不可能であるが，**クラス2は最大2段までのカスケード接続が可能**である。

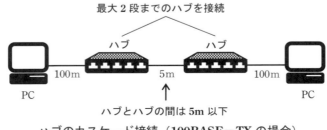

ハブのカスケード接続（100BASE－TXの場合）

(3) MDI（Medium Dependent Interface）/MDI－X

イーサネットの構成機器として用いられるネットワークガード，スイッチングHUB，ルータなどのポート（コネクタ差込口）の規格は，接続端子の送受信方式の相違により，「MDI」と「MDI－X」の2種類に分類される。

● 「MDI」ポートおよび「MDI－X」ポートの接続コネクタは，**RJ-45の8ピン・モジュラコネクタ**が用いられ，MDI～MDI－X機器間の接続ケーブルにはストレートケーブルが，MDI相互やMDI－X相互間の接続ケーブルにはクロスケーブルが用いられる。

(4) MACフレームとMACアドレス

OSI参照モデルのデータリンク層では，データをフレーム形式で伝送している。イーサネットのデータもフレーム形式でやり取りされ，**MACフレーム**という。

MACフレームのヘッダ部には，あて先のアドレスと送信元のアドレス情報が設定されている。このアドレス情報を**MACアドレス**といい，データリンク層における識別情報である。

また，MACアドレスはネットワークインタフェースカード（NIC）に固有に割り当てられた**物理アドレス**をいい，世界中に同じ番号が存在しない。

6バイト（48ビット）長で構成され，先頭の3バイトはベンダ（メーカ）識別番号（Organizationally Unique Identifiers）として，IEEEが管理，割当てを行っている。

DIX規格のMACフレームは下表のフォーマットで構成され，1フレームで転送するデータ部分の**MTU値は，1,500バイト**である。　（p.121参照）

プリアンブル	あて先MACアドレス	送信元MACアドレス	タイプ	データ		FCS(CRC)
8バイト	6バイト	6バイト	2バイト	46～1,500バイト	PAD	4バイト

第1章　端末設備と接続工事の技術

1-7　ネットワーク接続機器

複数のパソコンやサーバなどの機器はネットワーク接続機器を介して接続される。
LAN構成機器とOSI参照モデルとの関係を下表に示す。

OSI 参照モデル		LAN 構成機器	
		機器名	機　能
レイヤ4	トランスポート層	ゲートウェイ	異なるプロトコル間で相互に変換処理を行い，データ通信を可能にする機器。 　OSI 参照モデルのすべての階層を認識してプロトコル変換を行うことができるため，異なるプロトコル体系を有する LAN 間の通信も可能にする。
レイヤ3	ネットワーク層	ルータ	**IPアドレスによってIPパケットの中継処理を行い，異なるネットワーク相互を接続する。** 　ルータは宛先 IP アドレスを参照し，ルーチングテーブルに設定された情報に基づいて IP パケットをどこに転送すればよいかを判断する。(p.124参照)
レイヤ2	データリンク層	ブリッジ	**MAC アドレスを用いてデータフレームの中継を行い，LAN のセグメント間を相互接続する装置。** 　入力されたデータフレームの宛先 MAC アドレスを参照して，フレームの中継を行うかどうかを判断する。
		スイッチング ハブ (レイヤ2スイッチ)	フレームを受信したとき，**送信元 MAC アドレスを読みとり**，アドレステーブルに登録されているかを調べて，データを宛先のパソコンが**接続されているポートだけに中継する。**登録されていない場合は，アドレステーブルに登録する。 　スター型 LAN で複数の RJ－45 の8ピン・モジュラジャックのポートを持っており，10BASE－T や 100BASE－TX で，集線装置として使用される。
レイヤ1	物理層	リピータ ハ　ブ	リピータは，入力されたデータ信号を再生し**増幅して，次の装置に伝送する再生中継を行い，LAN の伝送距離を延ばすため**に使われている。 　ハブは，複数の RJ－45 の8ピン・モジュラジャックのポートを持っており，UTP ケーブルを使って複数のパソコンなどを接続でき，スター型 LAN の 10BASE－T や 100BASE－TX において**各端末からデータ信号を集線する装置**として使われる。 　あるポートに入力されたデータ信号は再生・増幅されて他のすべてのポートに出力される。 　リピータと同様の機能をもっているので，スイッチングハブと区別して**リピータハブ**ともいう。

93

スイッチングハブのフレーム転送方式 セキュリティ機能

① ストアアンドフォワード方式
誤り検査の範囲：有効フレームの全域

速度やフレーム形式が異なる LAN 同士を接続することができる方式である。
有効フレームの先頭から **FCS** まで読み取り，メモリ上にストア(格納)する。そして，誤り検査を行って異常がなければ転送する。

② フラグメントフリー方式
誤り検査の範囲：有効フレームの先頭から 64 バイト

有効フレームの先頭からイーサネット LAN の最小フレーム長である **64 バイト**を読み込んだ時点で誤り検査を行い，異常がなければフレームを転送する。
有効フレーム長が 64 バイトより短い場合は，破損フレームとして破棄する。

③ カットアンドスルー方式
誤り検査の範囲：宛先 MAC アドレスのみ

有効フレームの先頭から宛先 MAC アドレス (p.92 参照) の **6 バイト**までを読み込んだ時点でそのフレームを転送する。
この方式は，処理遅延は小さいがエラーフレームもそのまま転送してしまうため，不要なトラヒックが増加する。

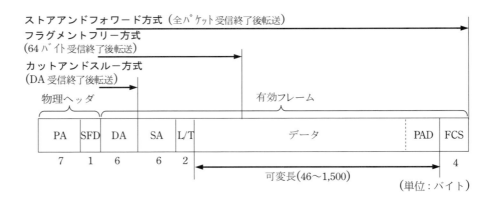

PA　：プリアンブル
SFD　：開始デリミタ
DA　：宛先 MAC アドレス
SA　：送信元 MAC アドレス
L/T　：データ長/プロトコルタイプ
PAD　：パディング
FCS　：フレーム誤り検査

1-8 PoE（Power over Ethernet）

　100BASE－TXなどのイーサネットで使われる**UTPケーブル（非シールドより対線）**を用いて，IP電話機などのPoE機能を持つIP電話機に電力を供給することができる。

　PoEはIEEE802.3atとして標準化されている。UTPケーブルはデータ送受信に用いる8心の銅線から構成されているがIEEE802.3atではこのうちの4心を使用して給電する方法を規定している。

　この技術によって，電源が取りにくい場所にも機器を設置することができ，電力ケーブルの配線や管理が不要になるなど，多くのメリットが得られる。

　PoEで電力を供給する機器をPSE（Power Sourcing Equipment）**と呼び，電力を受ける機器をPD**（Powered Device）**と呼ぶ。**

　PSEは，接続された相手機器（IP電話機器など）がPoE対応のPDであるかどうか，一定の電圧を短時間印加して判定を行う。そして，PoE対応のPDである（25kΩの検出用抵抗があると判定した）場合にのみ電力を供給する。

IEEE802.3at Type1（IEEE802.3af）

　カテゴリ3以上のケーブルを用いて給電を行う。

　PSEにIP電話機などの端末機器が接続されると，PoE対応の**PD**が**25kΩ**の検出用抵抗があると判定した場合にのみ，

① **PoE対応のネットワーク機器に直流44〜57V，15.4Wの電力を供給する。**

② PDは直流36〜57Vの範囲で最大**12.95W**の電力を受電する。

③ 100BASE－TXのイーサネットで使用しているLAN配線の信号対又は予備対(空き対)の2対を使って，PoE機能を持つIP電話機に給電することができる。

④ PSE〜PD間の最大電流は350mAである。

IEEE802.3at Type2（PoE Plus）

　カテゴリ5e（クラスD)以上のケーブルを用いて給電を行う。

PSEの1ポート当たり，

① **直流50〜57Vの範囲で，30W〜32.4Wの電力を供給する。**

② PDの最大使用電力は**42.5〜57V**の範囲で**25.5W**の電力を受電する。

③ PSEとPD間の最大電流は600mAである。

PoEの給電方式

IEEE802.3at Type1 および Type2 としての標準化された PoE 機能を利用すると、イーサネットLANケーブルの 10BACE-T または 100BACE-TX の**信号対**または**予備対**（空き対）の **2対4心**を使って PoE 機能を持つ IP 電話機などのネットワーク機器に電力を供給することができる。

これは 1000BASE-T においても同様であるが 1000BASE-T の場合は、4対（8心）すべてを信号伝送に使用するので、オルタナティブ B で用いる 4・5番ペアおよび 7・8番ペアは、「予備対（空き対）」というわけではない。

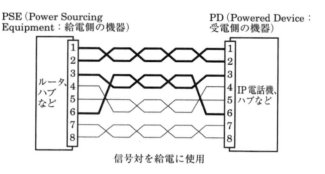

信号対である 1・2番ペアおよび 3.6番ペアを使用して給電する

オルタナティブ A 方式

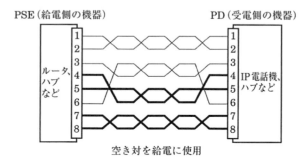

予備対（空き対）である 4番・5番ペアおよび 7番・8番ペアを使用して給電する

オルタナティブ B 方式

RJ-45 モジュラプラグのアウトレットの配線規格

TIA/EIA568（米国通信工業会/電子工業会）で定められている**ピン配列**は，**T568A 規格**と **T568B 規格**がある。

このモジュラコネクタに UTP ケーブルを結線する場合，10BASE-T や 100BASE-TX では，ペア 1 からペア 4 のうち 2 対 4 心を使用する。

これに対し **1000BASE-T** では，ペア 1 からペア 4 までの**全てのペア（4 対 8 心）を使用**する。これにより，1Gbit/s という超高速データ伝送を実現している。

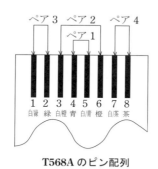

T568A のピン配列　　T568B のピン配列

ストレートケーブル（一方が T568A であれば，他方も T568A）

自動識別機能，アップリンクポート及びカスケードポートが搭載されていないハブとパーソナルコンピュータのように，異なる種類の機器の接続に使用するケーブル。
主に **PC と PC 以外の機器を結ぶために使われるストレートケーブル**を作製する場合は，両端のプラグを同一規格で結線する。

クロスケーブル（一方が T568A であれば，他方を T568B）

自動識別機能，アップリンクポート及びカスケードポートが搭載されていないハブ同士など，同じ種類の機器同士に使用されるケーブル。
PC 同士など，同じ種類の機器を直接結ぶために使われる**クロスケーブル**を作製する場合は，異なった規格で結線する。

UTP ケーブルの成端

コネクタ付き UTP ケーブル（非シールドより対線）の作製にあたっては，UTP ケーブルの**心線の被覆をはぐことなく，RJ-45 モジュラプラグ**の端子穴に差し込み，**圧着工具を用いて圧着接続**する。このようにケーブルの端にコネクタやアダプタを取り付けることを**成端**という。

UTP ケーブルへのコネクタ成端時の結線の配列違い

漏話特性の劣化や **PoE** 機能が使えないなどの原因となることがある。

- リバースペア … 例えば 1-2 ペアを相手側で 2-1 ペアと結線
- クロスペア … 1-2 ペアを 3-6 ペアに結線
- スプリットペア … 1-2，3-6，4-5，7-8 の結線を 1-2，3-4，5-6，7-8 と結線

配線誤りの有無を確認する試験は**ワイヤマップ試験**といわれる。

第2編　端末設備の接続のための技術及び理論

1-9　無線 LAN

UTP ケーブルなどの代わりに，電波を使ってシステムを構成した LAN を**無線 LAN** という。電波方式の無線 LAN の主な規格には，**IEEE802.11a，b，g，n** の 4 種類がある。

	802.11a	**802.11b**	**802.11g**	**802.11n**
使用周波数帯域	5.15 GHz～5.25 GHz	2.4 GHz	2.4 GHz	2.4 GHz または 5 GHz
最大伝送速度	54 Mbit/s	11 Mbit/s	54 Mbit/s	600 Mbit/s
最大伝送距離	約 100m	約 100～300m	約 100～300m	特に規定されていない

・IEEE802.11b 及び 802.11g の無線 LAN では，2.4GHz 帯の **ISM**（Industrial Scientific and Medical）**バンド**を使用する。

・IEEE802.11n は，IEEE802.11b/a/g と同じ周波数帯を使用し後方互換性を確保しており，**2.4GHz 帯及び 5GHz 帯の周波数帯**を用いた方式を使用する。

┌╴**2.4GHz 帯の ISM バンド**╶╶┐
電子レンジ，コードレス電話，産業科学医療用などの機器に利用されている免許不要の周波数帯域で干渉が発生しやすく**スループット**（処理能力）**が低下する可能性が高い**。　このため，ISM バンドを使用する無線 LAN では，**スペクトル拡散変調方式**（送信側で変調された信号の周波数スペクトルを広い周波数帯域に拡散して伝送する方式）を用いて ISM バンド対応機器などとの干渉の影響を最小限におさえている。
└╴╴╴┘

CSMA / CA （Carrier Sense Multiple Access With Collision Avoidance）

IEEE802.11 標準の無線 LAN では **CSMA / CA 方式**（搬送波感知多重アクセス/衝突回避）と呼ばれる**アクセス制御方式**を採用している。

CSMA / CA 方式では，送信端末からの送信データが他の無線端末からの送信データと衝突しても，送信端末では衝突を検知することが困難であるため，送信端末がアクセスポイント（AP）にデータを送信すると，AP は正常に受信できたときに信号を返す。この **ACK**（Acknwledgment：確認応答）**信号を受信することで送信端末は AP にデータを正常に送信できたことを確認する**。

無線 LAN ではデータの送受信に電波を用いるので，衝突を検知することが困難である。データの送信後，一定時間 ACK 信号が送られてこなければ，衝突などによる通信障害のためにデータが受信側に到達していないと判断して，データフレームを再送信する。
この**再送信は，衝突を回避するために，標準規格で定められた IFS**（Interco-Frame Space：フレーム間隔）**時間及びランダムな時間だけ待って，他の端末が送信していないことを確認してから行う**。

IEEE802.11 の標準の無線 LAN の環境において，隠れ端末問題

　　CSMA / CA では通信を開始する無線端末が，他の無線端末が電波（キャリア）を送出していないかどうかを事前に確認する。しかし，無線端末の位置や障害物の影響などによる「隠れ端末問題」のために事前に確認できない場合がある。

　そこで，**RTS**（Request to Send：送信要求）**信号**および **CTS**（Clear to Send：送信可）**信号**という 2 つの制御信号を用いて衝突を回避している。

　下図ように，アクセスポイント (AP) は，送信しようとしている STA1 からの RTS（request to send）信号Ⓐを受信すると CTS 信号Ⓑを STA1 に送信するが，このⒷは，STA3 も受信できるので，STA3 は NAV 期間だけ送信を待つことにより衝突を防止する対策がとられている。

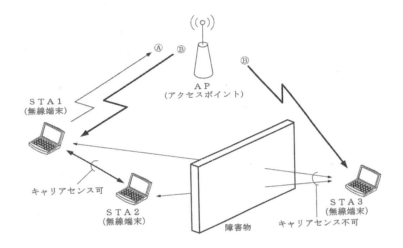

① 　無線端末 **STA1** は，データ通信に先立ち **RTS 信号**を送信してアクセスポイント（AP）に**送信要求**を行う。

② 　**RTS 信号を受信した AP は CTS 信号を STA1 に送って**，データの送信を許可する旨を送信を許可する旨を**通知**する。

CSMA/CD（Carrier Sense Multiple Access With Collision Detection）

　バス型やスター型 LAN の**イーサネットで使われる**。
　有線 LAN では，データの送信中でも衝突が検知できる CSMA/CD 方式を採用している。
　IEEE802.3af において標準化されている CSMA/CD 方式のバス配線を基本とした LAN において，端末は**信号の衝突を回避**するため伝送媒体の空き状態を監視し，他の端末が送信中であれば，その送信の終了を待って規格ごとに規定されている時間の後，送信を開始する。

1-10　光回線

1. 光ファイバケーブル

　光ファイバケーブルは，非常に透明度の高い石英ガラスを細いファイバ状にしたもので，光の点滅のパルス列を伝送する媒体である。

　直径数μmと細く，**コア**といわれる中心層と**クラッド**といわれる外層の2層構造から成り，**コアの屈折率をクラッドの屈折率より大きく**することにより，光は，コア内をクラッドとの境界で**全反射**を繰り返しながら進んで行く。

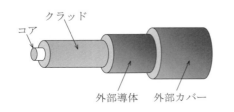
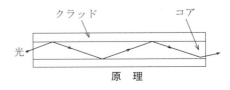

光ファイバケーブルの分類

マルチモード型光ファイバ（MMF）
　伝送する光の波長に比べてコア径が大きく，**複数のモードの光が同時に伝搬する。**
　LANなどの短距離伝送用に用いられる。

シングルモード型光ファイバ（SMF）
　コア径が細く，一つのモードの光しか伝搬しない。

ステップインデックス（SI）型
　屈折率分布がコアとクラッドの境界で階段状に変化し，屈折率はコアがクラッドよりわずかに大きい。

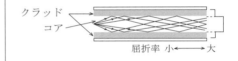

グレーデッドインデックス（GI）型
　コアの中心部の**屈折率分布**が最も大きく中心から離れるにしたがって小さく，連続的に変化する

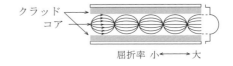

光ファイバケーブルの特徴

- 長距離かつ高速な伝送が可能。
- 通信の妨害となる**雷や強電流電線からの電磁誘導や静電誘導の影響を受けない**ので，他のケーブルと交差するとき直角に交差させることができる。
- 伝送損失が極めて小さい。
- 細径・軽量であるため，ケーブルの布設性が優れている。
- 高い周波数の信号まで伝送することができ，広帯域特性が優れている。
- 引っ張りや側圧，曲げ等の外圧に弱い。

なお，光ファイバは，ホームネットワーク等の配線に使用される**プラスチック光ファイバ**と，インフラ用に多く使用されている**石英系光ファイバ**とに大別される。一般に，プラスチック光ファイバは，石英系光ファイバに比べて，曲げに強く折れにくい，加工が容易といった特徴があり，光送信モジュールには，通常，**光波長が 650 ナノメートル（赤色光）の LED（発光ダイオード）**が用いられている。

光ファイバケーブルの布設にあたっては，布設速度や布設張力に注意してケーブルに**過大張力をかけない**ようにするとともに，極端に曲げると光信号がコア層からグラッド層に透過して放射損失を生じるので**曲げ半径**に注意する。

2. 分散現象

光ファイバ内における光の伝搬速度は伝搬モードや光の波長によって異なることから，**受信端での信号の到達時間に差が生ずる**。この現象を分散という。分散現象は，その発生要因別に，**モード分散，材料分散，構造分散**の 3 つに分けることができる。

① モード分散

マルチモード光ファイバにおいて，中心軸から遠いコアの周辺付近を迂回しながら伝搬するモードは，コアの中心軸部分をまっすぐに伝搬するモードよりも伝搬距離が長くなるため，伝搬時間に差異が生じる。この現象をモード分散という。

モード分散を小さくするには，コアの外側になるほど**屈折率を小さくして屈折率分布を最適化する**。

モード分散は，複数の伝搬モードが存在する「マルチモード光ファイバ（MMF）」のみに**生じる現象**であり，主に LAN などの短路離伝送用に使用される。

また伝搬モードが 1 つの「シングルモード光ファイバ（SMF）」ではモード分散は生じない。

② 材料分散（レイリ―散乱損失）

光ファイバの材料が持つ屈折率は，光の波長によって異なった値をとる。これが原因でパルス波形に時間的な広がりを生じる現象。

モード分散と同様に伝送帯域を制限する要因となる。

③ 構造分散（構造不均一による散乱損失）

光ファイバの中心層（コア）と外層（クラッド）の境界面での構造不完全や微少な曲がりなどによって生じる。光ファイバの製造技術にかかわる損失であり，伝搬する光の波長に依存しない。

3. その他の損失

① 吸収損失

光ファイバの材料が光を吸収し，その光エネルギーが熱に変換されることによって生じる。光ファイバ内の不純物によるものと，光ファイバの材料特有のものがある。

② マイクロベンディング損失

光ファイバの側面に不均一な圧力が加わったとき，わずかに曲がることによって生じる。

第2編　端末設備の接続のための技術及び理論

4. 光ファイバ通信の伝送品質の劣化

雑音，波形変化，光ファイバケーブルの経年劣化などがある。

雑音
- 発光素子の入力電気信号自体に重畳している**発光源雑音**
- 光増幅器の**自然放出光雑音**
- 受光素子において電子が不規則に放出されるために生じる受光電流のゆらぎによる**ショット雑音**

ASE（Amplified Spontaneous Emission）**雑音**

　光ファイバ増幅器を用いると，増幅された光信号に広帯域の雑音が付加される。これは，自然放出光の一部が誘導放出により増幅されたもの。
　ASE雑音や信号波形の劣化が大きいと，識別再生の段階で誤った符号判定が行われ，伝送品質が確保できなくなるおそれがある。このため，光ファイバ増幅器の出力側には，ASE雑音による不要な光を除去する光フィルタが接続されている。

1-11 接続工事の技術

　光ファイバを接続する際は，心線の軸が正確に合うようにする必要がある。この軸がずれると**接続損失**が生じ，信号は大きく減衰する。

　光ファイバケーブルの心線接続には，**融着接続**，**コネクタ接続**，**メカニカルスプライス**がある。

融着接続

　光ファイバの接続端面をアーク放電などで発熱させ溶解して接続する。

ファイバを切断して
端面を成形する

端面を揃えて
向かい合わせる

ファイバを押し付けながら
接続点のガラスを融かして接続

ファイバが折れないよう
金属棒の添え木をする

　融着した後の接続部は，被覆が完全に除去されているため機械的強度が低下しているので，融着接続部を光ファイバ保護スリーブに挿入し，これを加熱することにより内部チューブが融けて接続部を包み，同時に外部チューブが収縮固定し外部を補強する**光ファイバ保護スリーブによる補強法**がある。

光ファイバ保護スリーブによる補強法

コネクタ接続法

融着接続法が一般に用いられているが，**今後，ケーブルの分岐や切り分けが必要となる接続点**には，融着接続法に比較して接続損失の点で劣るが，**コネクタ接続法が採用される**。

機械的に接続するため軸のずれが少なく，着脱が簡単にできるため，**接続の変更や分岐が必要な場合に広く用いられる**。

しかし，接続部分に接続ギャップができたり，着脱時にコネクタ部分のファイバ端面に汚れや傷がつきやすく，接続損失が比較的大きくなる。光ファイバ同士を接続するときには，この**接続損失**を極力発生させないことが求められる。

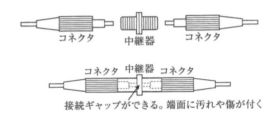

よく使われている**フェルール型コネクタ**は，光ファイバのコア中心をコネクタの中心に固定するために**フェルール**という**コアの軸ずれ**を防止する部品を用いたコネクタである。

光ファイバ

フェルール

> **フレネル反射**
> フェルールを研磨する方法としてフェルールの先端を直角にフラット研磨する方法あるが，コネクタ接続部の光ファイバ間にわずかな隙間ができ，光ファイバの破断点で急峻な屈折率の変化があるために生じるフレネル反射が起こる。

FCコネクタは，光配線システム相互や機器との接続に使用される光ファイバや光パッチコードの接続などに用いられる。

単心光ファイバコネクタで接合部分が，ねじ込み式になっているため，振動に対して，ずれや緩みのような不具合が比較的生じにくい。

FC コネクタ

メカニカルスプライス法

　光ファイバ端面の突合せ固定が可能な専用の接続部品を用いてＶ溝により，光ファイバどうしを軸合わせをして接続する方法で，メカニカルスプライス工具を使用する。

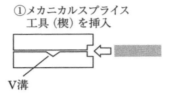

①メカニカルスプライス工具（楔）を挿入

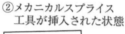

②メカニカルスプライス工具が挿入された状態

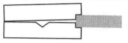

③両脇からファイバを挿入し，軸合せ・接着

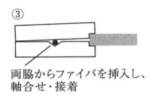

④メカニカルスプライス工具を引き抜く

　接続部品の内部には光ファイバの接合面で発生する反射を抑制するための**整合剤**があらかじめ充填されている。

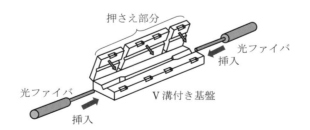

1-12　屋内線固定・保護用器具類

（1）硬質ビニール管

　屋内ケーブルを家屋の壁面等を貫通する箇所で配線するとき，屋内線の絶縁保護のために用いられる。

　また，雨などの侵入を防ぐため，屋内側を高くして，硬質ビニール管の両端につばを取り付け，屋内線の損傷等を防止する。

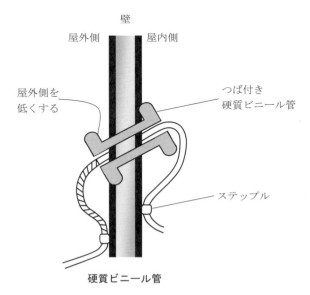

硬質ビニール管

（2）ケーブルバンド・ワイヤプロテクタ

　UTPケーブル（非シールドより対線）を用いて露出配線工事でケーブルを固定する場合は，一般に，ケーブルバンドやワイヤプロテクタが用いられる。

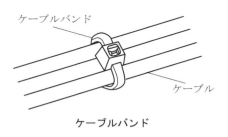

ケーブルバンド

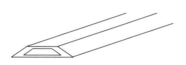

両面テープで床に固定して使用

ワイヤプロテクタ

1-13　床などの配線方式

（1）　フリーアクセスフロア（簡易二重床）
床下に各種ケーブルを自由に配線するための二重床をいう。

各種機器への配線の自由度を高くした床構造で，床スラブ（梁）に取り付けた台座上に着脱可能なフロアパネルを載せた床方式である。床面下にすべての配線を収納するため，美観を損なうことなく，配線の追加・変更などに柔軟に対応できる。

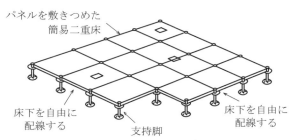

（2）　フロアダクト
各種ケーブルを**床内配線できるようにするための配管設備用品**である。

一定の間隔でケーブル引出口があり，そこからケーブルを外部に引き出せるようになっている。

フロアダクトが交差するところには接合用のジャンクションボックスが設置される。

埋設されるダクトには**接地抵抗値が100オーム以下の，D種接地工事**を施す。

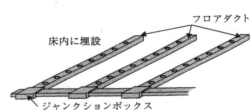

（3）　セルラダクト方式
高機能・高密度の通信設備を収容するフロア等の配線方式の1つで，ビル構造に採用されているデッキプレート（金属製又はコンクリートの床）の波形空間を配線空間として利用して，**床の配線ダクトにケーブルを通す床配線方式**で，この方式を**セルラフロア**という。

デッキプレートの凹凸部分に蓋をつけた空間を主配線通路とし，これと交差するフロアダクト等の枝配線路を連結して，高密度にフロア面に配線の引出口を設けている。

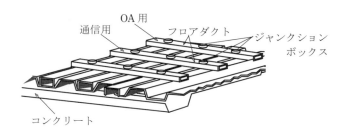

（4）　レースウェイ（屋内線用合成樹脂線ぴ）
断面がコの字型のふた付きダクトの一種で，壁面や回り縁等の露出場所で，同方向に多数の配線をする場合，壁面に取り付け配線を収容する。

第2章　ネットワークの技術

2-1　データ通信の基礎

(1) 通信方式

半二重通信

一方向のみの通信であるが，片側通行のように**送受を切り替えて双方向の伝送**を行う通信方式である。同時に双方向の通信はできない。また，伝送路は2線式回線を使用する。

全二重通信

同時に双方向の伝送ができる通信方式である。データの受信中にデータなどを送信できるので伝送効率が高い。

伝送路は一般に4線式回線を使用するが，送信・受信の信号を多重化することにより2線式回線で全二重通信を行うことも可能である。

(2) データ通信の速度

データ信号速度

1秒間に伝送できるビット数であり，単位は**ビット/秒**を使用する。

ビットはコンピュータなどで取り扱う情報量の最少単位で，2進数の1桁のことをいう。1ビットで二つの状態を表現でき，一般に「0」と「1」で表される。

変調速度

変調過程において振幅や周波数，位相などの状態が1秒間に何回変化したかを示すもので，単位には，**baud**（ボー）を使用する。

アナログ回線でデータ伝送する場合はモデムで変調を行うが，1ビットごとに変調する方式では変調速度とデータ信号速度は同じである。

一般に n ビットごとに1回変調を行う方式では，変調速度とデータ通信速度の関係は次の式で表される。

$$データ信号速度 = n \times 変調速度$$

(3) ナイキスト速度

デジタル信号のベースバンド伝送において，受信側で**符号間干渉のない信号**を受信できる理論上の限界の伝送速度で，通信回線の**伝送可能な周波数の二倍**の速度になる。すなわち，通信回線の伝送可能周波数の二倍までの周波数のデータを正しく伝送することができる。

1. 伝送路符号形式

デジタル信号を伝送する場合，端末から入出力されるデジタル信号を「0」と「1」に対応したパルス波形のまま伝送する**ベースバンド方式**が用いられている。

ベースバンド方式は，パルスの極性により**単流方式**と**複流方式**に分けられ，また，パルス波形により **RZ方式** と **NRZ方式** に分けられる。

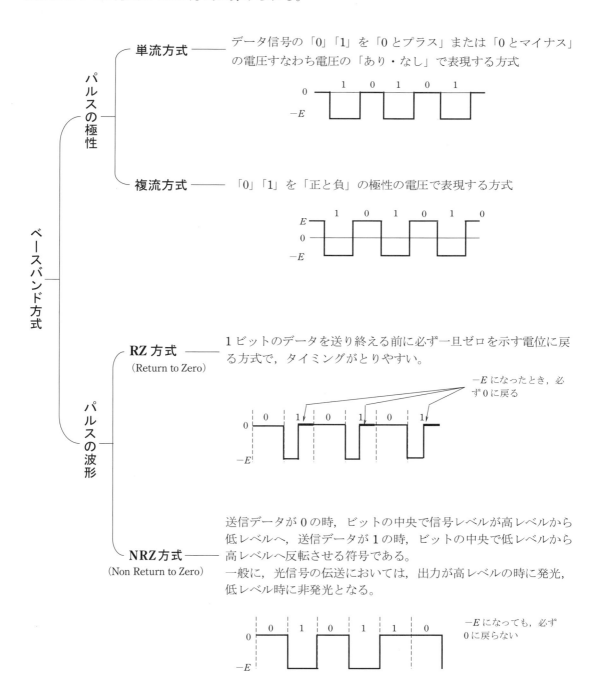

また，変形として **NRZI 符号**，バイポーラ符号，**CMI 符号**，マンチェスタ符号，**MLT－3 符号**等がある。

① **NRZI**（Non Return to Zero Inversion）**符号**

100BASE－FX で用いられ，ビット値 0 の時は信号レベルを変化させず，ビット値 1 が発生するごとに，信号レベルを低レベルから高レベルへ，又は高レベルから低レベルへ変化させる符号である。

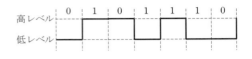

② バイポーラ符号（**AMI**（Alternate Mark Inversion）符号）

「0」を電位 0 で，「1」を極性を交互に反転させる直流成分を抑制した方式である。このことにより波形が交流信号に近くなり，ノイズ等に強くなるため，**安定したデータ伝送が可能である。**

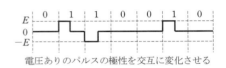

電圧ありのパルスの極性を交互に変化させる

③ **CMI**（Code Mark Inversion）**符号**

元の信号 1 ビットを 2 ビット符号に変換してから伝送する。0 は「10」で，1 は「11」と「00」で交互に表し無信号状態がないため，**同期がとりやすい。**

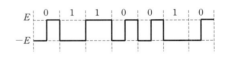

「0」のとき電圧極性をマイナスからプラスへ変化させ，「1」のときはビットスロット内では電圧極性を変化させないが，「1」のときの電圧極性を図のように交互に変化させる。

④ マンチェスタ符号

送信データ（入力）が「0」の時，ビット中央で信号レベルが高レベルから低レベルへ，送信データ（入力）が「1」の時，ビットの中央で低レベルから高レベルへ反転させる符号である。

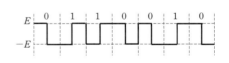

⑤ **MLT－3 符号**

100BASE－TX で用いられ，ビット値 0 の時は信号レベルを変化させず，ビット値 1 が発生するごとに，信号レベルが 0 から高レベルへ，高レベルから 0 へ，又は 0 から低レベルへ，低レベルから 0 へと，信号のレベルを 1 段ずつ変化させる符号である。

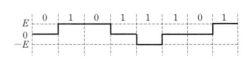

第2章　ネットワークの技術

2. OSI 参照モデル

通信プロトコルを7つの階層に分けて標準化し，各層ごとの機能や役割が規定されている。

このうち，通信ネットワーク側で使用するプロトコルは，**レイヤ1** の**物理層からレイヤ3のネットワーク層**までの機能がサポートされている。

このように**通信機能を階層化**し，これらを実現するための**プロトコルを体系化**したものを**ネットワークアーキテクチャ**といい，異種コンピュータ間でも相互接続できるように標準化されたネットワーク・アーキテクチャ（ITU－T が勧告 X.200 で規定）が **OSI**（Open Systems Interconnection：開放型システム間相互接続）である。

		主な機能
レイヤ7	アプリケーション層	ファイル転送やデータベースアクセス等の各種の適用業務に対する通信サービスの機能を規定する。
レイヤ6	プレゼンテーション層	端末間の符号形式，データ構造，情報表現方式などの管理。
レイヤ5	セ シ ョ ン 層	両端末間で同期のとれた会話の管理を行う。 会話の開始，区切り，終了等を規定する。 情報授受の単位は，**セグメント**である。
レイヤ4	ト ラ ン ス ポ ー ト 層	端末間でのデータの転送を確実に行うための機能，すなわち，**データ送達確認**，順序制御，**フロー制御**等を規定する。 情報授受の単位は，**セグメント**である。
レイヤ3	ネ ッ ト ワ ー ク 層	どのような通信経路で相手にデータを送るか指定する**ルーチング機能**や，データ伝送の中継，通信路の設定・解放を行うための**呼制御手順**などを規定している。 論理的通信路の確立は，ネットワーク層の機能の一つである。 情報授受の単位は，**パケット**である。
レイヤ2	デ ー タ リ ン ク 層	ネットワークエンティティ間で，隣接するノード間(伝送装置間)でのデータを転送するためのサービス(順序制御，**フロー制御**，**誤り検出**，**回復処理**などの**伝送制御手順**)を規定している。
レイヤ1	物 　 理 　 層	伝送媒体上で**ビットの転送**を行うためのコネクションを確立し，維持し，解放する機械的，電気的，機能的及び手続き的な手段を提供する。 コネクタの形状などの機械的条件や電圧，信号の符号化方式，伝達速度などの電気的条件が定められている。

第4層以上については，基本的には端末間のプロトコルであるので，ユーザ側の機能である。

111

第2編　端末設備の接続のための技術及び理論

3. 伝送制御手順

　データ伝送を効率よく行うための送受の端末装置間で，回線の接続・切断，データ送受信の制御，誤り制御などの一連の手続きをいう。

　OSI 参照モデル**レイヤ2（データリンク層）**の機能で，代表的なプロトコルに **HDLC** がある。

HDLC（High level Data Link Control）手順

　下図のようにデータを特定のビットパターンで包んだ**フレーム単位で伝送**する。**フレーム番号管理**による連続転送が可能なため，データの**転送効率が高く**，また，厳密な誤り制御を行っているため**信頼性が高い**。

　さらに，基本形データ制御手順では，伝送制御キャラクタで制御しているため，これと同じビットパターンをデータとして伝送することができないが，HDLC手順では，任意のビットパターンを伝送することができるため，データ形式に制約がないという利点がある。

	フレーム				
8〔ビット〕 01111110	8〔ビット〕	8〔ビット〕	任意	16〔ビット〕	8〔ビット〕 01111110
F	**A**	**C**	**I**	**FCS**	**F**
フラグ シーケンス	アドレス部	制御部	情報部	フレームチェック シーケンス	フラグ シーケンス

フラグシーケンス

　　フレームの前部と後部に必ずフラグシーケンスという特定のビットパターンが付き，フレームの識別や**送信側と受信側との同期確率**のためなどに使われるフィールドであり，“01111110”の8ビットで表される特定のビットパターンが規定されている。受信側では，このビットパターンを抽出することによりフレームの開始と終了を検出する。

　　なお，フレームの制御部などに“1”ビットが5個連続したとき，**情報伝達の透過性を確保するため**，その直後に“0”ビットを無条件に除去して送信する。

4. HDLC 手順の誤り制御方式

　データ伝送での符号誤りの発生は，伝送品質に大きな影響を与える。符号の誤りを検出し，訂正を行う対策を**誤り制御**という。

　データ伝送における誤り制御では，データにチェック用のビットを付加する**冗長ビット付加方式**のうち，データを適当な長さに区切ったブロックごとにチェックする**ブロックチェック方式**の **CRC方式** がよく用いられる。

CRC（Cyclic Redundancy Check）方式

　データのブロック単位を高次の多項式とみなし，これをあらかじめ定めた**生成多項式**で割ったときの余りを検査用ビット（CRC符号）として，データの末尾につけて符号を構成する方式である。

　この検査用ビットは，n 次の多項式を用いるとき n ビット長となる。受信側では受信した符号を同じ生成多項式で割り算を行い，割り切れなければ誤りとする。この方式は，**高度な誤り検出**が可能である。

　バースト誤りと呼ばれる一定期間まとまった誤りに対しても対処できる。

第2章　ネットワークの技術

2-2　ブロードバンドアクセスの技術

　インターネット接続を行うアクセス回線として，広帯域で伝送速度が速いブロードバンド回線が使われることが多い。
　ブロードバンドアクセス方式には，xDSL，FTTH，CATV等の有線通信技術がある。

1. xDSL

　公衆電話網の加入者線などメタリックケーブルを使用して高速のデータ伝送を行う方式を**DSL**（Digital Subscriber Line：デジタル加入者線伝送）という。
　DSLの方式には，家庭などのインターネットアクセス回線として広く使われている**ADSL**，マンションなどで光回線終端装置とユーザ宅内との間など距離の短い区間で使われる**VDSL**のほか，上りと下りの伝送速度が同じで2対のケーブルを使う**HDSL**，1対化した**SDSL**などの方式があり，これらを総称して**xDSL**という。

（1）**ADSL**（Asymmetric Digital Subscriber Line）（p.83 参照）

　既設の電話の加入線のケーブルを利用して安価に，高速のブロードバンドアクセスが実現できるので，一般家庭を中心に普及している。
　アナログ電話用のアクセス回線を利用して数百キロビット／秒から数十メガビット／秒のデータ信号を伝送するADSLサービスは，電気通信事業者の**DSLAM**（DSL Access Multiplexer）装置とユーザ宅内に設置したADSLモデムを用いてサービスを提供している。
　1対の電話線で**伝送速度が上り方向**（端末装置 → 収容局の方向）**と下り方向**（収容局→ 端末装置方向）**で異なっており**，インターネットのWeb接続などでは，下り方向には写真や精細な画像などの情報量が格段に多い広い伝送帯域（伝送速度が早い）が割り当てられる。

変調方式

　　ADSLには，**CAP**（Carrierless Amplitude and Phase Modulation）方式とITU－T（国際電気通信連合の電気通信標準化部門）で標準化されている**DMT**（Discrete Multi Tone）方式がある。
　　CAP方式は，上り，下りの各伝送帯域をそれぞれ一つの帯域として変調を行う方式で，DMT方式に比べて回路構成が簡単であるが，雑音などの影響を受けやすい。
　　DMT方式は，上り，下りそれぞれの伝送帯域を4kHzごとの複数の帯域に分け，その4kHz帯域ごとに変調を行い，それをまとめて伝送する方式で，雑音や漏話などの影響に細かく対応できるので，全体としての伝送速度をあげることができる。

（2）**VDSL**（Very high bit rate Digital Subscriber Line：超高速デジタル加入者線伝送）

　ADSLと同様，既存の電話回線のケーブルを利用して超高速通信を実現する通信方式である。
　ADSLに比べて速い速度での通信が可能であるが，0.9MHz～12MHzという高い周波数帯域を利用しているため，伝送損失も大きく，最大伝送距離はわずか300m～1.4kmであるが，既設のLAN配線がないマンションなどの集団住宅向けのFTTHで，構内配線用として利用されている。
　VDSLは，FTTHを補完する技術といわれている。

113

xDSL 伝送方式における 伝送品質の低下要因

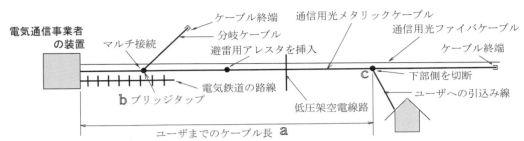

※ 避雷用アレスタは，異常な過電圧に対してのみ動作し，ADSL の伝送品質には影響を及ぼさない

a 伝送距離と伝送速度

　アクセス回線の距離が長くなるにしたがい，高い周波数帯の方が，低い周波数帯と比較して伝送損失が**大きくなる**。このため，高い周波数帯まで使用する最大伝送速度の大きいADSLサービスでは，電気通信事業者の設備センタからの**距離が長くなると，実効伝送速度が大きく低下する**。この現象は，**高い周波数帯ほど著しい**。

b ブリッジタップ

　固定電話網を構成する，メタリックケーブルを用いたアクセス回線において，ユーザの増加などに柔軟に対応するため，幹線ケーブルの心線と分岐ケーブルの心線がマルチ接続され幹線ケーブルの心線が下部側に延長されている箇所である。

　電話共用型ADSLサービスにおいては，ADSL信号反射などにより，伝送品質を低下させる要因となるおそれがある。

c は、下部側が切断されているのでブリッジタップでない。

◎ 電磁誘導

　電磁誘導を軽減する対策としては，通信線と架空電線路との**交差部分をできる限り直角にする**ことなどにより相互インダクタンスを減少させる方法や，アルミ被誘導遮へいケーブルを使用することにより遮へい係数を減少させる方法などがある。

◎ 雑音信号

　宅内にあるテレビやパーソナルコンピュータ（PC）のモニタ，エアコン，冷蔵庫，電子レンジなどから発生するインバータ系のノイズが，屋内配線ケーブルを通る信号に悪影響を与え，xDSLの伝送速度が低下する場合がある。

◎ 通信用光ファイバケーブルが通信用メタリックケーブルと同一の架渉されている場合

　ADSL信号の伝送品質に及ぼす影響が最も小さい。

◎ 高電圧・高電流を扱う電力線が通信線と接近して設置されている場合

　電力線からの誘導作用によって雑音となる。

◎ 通信用メタリックケーブルを用いた電話共用型 ADSL サービスの設備形態

　ADSL信号の伝送品質に及ぼす影響が最も小さいのは，通信用光ファイバケーブルが通信用メタリックケーブルと同一の架空ルートに架渉されている場合

◎ 電気鉄道の線路と通信用メタリックケーブルの架空区間が接近して，平行して距離が長い場合

2. FTTH（Fiber To The Home）

電気通信事業者が提供する**光ファイバ**による家庭向けのデータ通信サービスで，加入者宅内に設置した**ONU**（Optical Network Unit：光加入者線網装置）と，収容局の**OLT**（Optical Line Terminal：光加入者線端局装置）またはOLTに収容される回線毎の**OSU**（Optical Subscrever Unit：光加入者線終端盤）とを光ファイバケーブルで接続する。

接続形態は，**PDS**（Passive Double Star），**SS**（Single Star），**ADS**（Active Double Star），の方式に大別されるが**PDS方式**は効率性が高いため，現在では**FTTHの主流**となっている。

(1) パッシブ・ダブルスター（PDS：Passive Double Ster）または PON

光ファイバケーブルの収容局とユーザ宅を1対nで接続する。

PON方式の種類として**GE‐PON**やB‐PON，G‐PONなどが標準化されている。

GE‐PON（Passive Optical Network）

① **イーサネットフレーム**を使った**光アクセスネットワーク**であり，**電気通信事業者側**の**OLT**（光加入者線終端装置）の**OSU**から配線された光ファイバの1心を加入者宅との光ファイバの途中に**光スプリッタ**（光スターカプラ）などの**受動素子**を設置し，光信号を電気信号に変換することなく，**光分岐・結合器**により合波・分波を行うことで，ユーザ側の**ONU**へ光信号のまま**ドロップ光ファイバーケーブル**（引込み光ケーブル）で伝送を行うことができ，1台のOLTに最大32分岐する設備構成としているものが多い。

> **光スターカプラ**（光分岐・結合器）
> 一つの波長の光信号を N 個に分配したり，N 個の光信号を一つの光信号に収束する。
> 特に N が大きい場合にスターカプラともいわれる。

② **OLTからONUへの下り方向の通信**では，OLTが配下にあるすべてのONUに同一の信号を送信する。そのため各ONUは，**受信したフレームが自分宛であるかどうかを判断**し，**取捨選択を行う**必要がある。この判断はOLTが送信の際にあらかじめフレームの**プリアンブルフィールドに詰め込んでおいた LLID**（Logical Link ID）という識別子によって行われる。

- OLTは，宛先ONU用のLLIDをフレームのプリアンブルフィールドに埋め込んで，配下の全ONUに送信する。
- ONUは，自分宛のフレームかどうかをLLIDによって判断する。

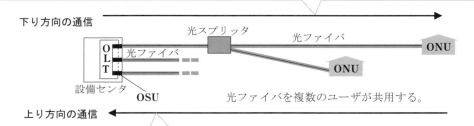

- ONUは，自分に割り当てられたLLIDをフレームのプリアンブルフィールドに埋め込んで，OLTに送信する。
- OLTは，送信元のONUをLLIDによって判別する。

③ GE-PONでは，OLTとONUとの間で光ファイバ回線を光スプリッタで分岐し，OLT～ONU相互間を，上り/下りともに最大伝送速度として毎秒1ギガビットで双方向通信を行うことができる。

④ 1つのOLTに複数のONUが接続され，ユーザ側の複数の光加入者線網装置を電気通信事業者側の1台の光信号終端装置に収容してサービスが提供されている。
このため，各ONUがOLTへの信号を任意に送信すると，上り信号どうしが衝突するおそれがある。そこで，この対策として，**OLTが各ONUに対して送信許可を通知することにより，各ONUからの上り信号を時間的に分離する**ようにしている。

⑤ 設備センタのOSUと光スプリッタ間は光ファイバケーブルを複数のユーザで共用しているので，**同時にアクセスがあった場合，実効スループットが低下する**ことがある。

⑥ OLTは，ONUがネットワークに接続されるとそのONUを自動的に発見し，通信リンクを自動で確立する。この機能は**P2MP（Point to Multipoint）ディスカバリ**といわれる。

(2) シングル・スター（SS : Single Star）

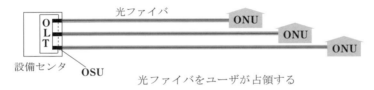

光ファイバをユーザが占領する

① 光ファイバケーブルの電気事業者側の光加入者線端局装置とユーザ側の光加入者線網装置の間で，1心の光ファイバをユーザが専有する接続によりサービスが提供されている。

② **スター状**にケーブルを引く。

③ 電気通信事業者側に**OSU**，加入者側に**ONU**を設置し，上りと下りで異なる波長の波光信号を用いた双方向の全二重通信を行う。

④ 局側の**OLT**の中に各加入者ごとの光・電気変換器を必要とするなどコストが高くなる。

(3) ADS（Active Double Star）

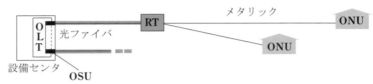

① 1本の光ファイバを複数のユーザで共有。

② RT（**Remote Terminal**：遠隔多重装置）からユーザ宅まではメタリックケーブルを使用する。

FTTH の接続形態の例 (p.116 参照)

FTTH とは，電気通信事業者の設備センタからユーザ宅まで光ファイバケーブルを引き込んで高速のブロードバンドアクセスを提供する方式である。

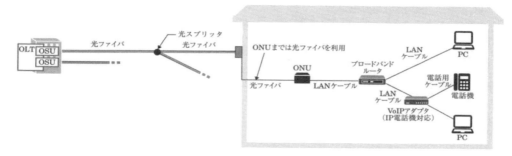

一戸建ての住宅などでは，光ファイバケーブルを直接ユーザ宅内まで引き込み，光ファイバケーブルを終端する **ONU** を設置し，**電気通信事業者側の光加入者線終端装置**などを用いてサービスが提供される。

ONU には，RJ-45 モジュラジャックがあり，UTP ケーブル (非シールドより対線) でパソコンなどの装置を接続する。

IP 電話を利用しない場合は，電話とインターネットは別々の回線となる。

ブロードバンドルータ　セキュリティ機能

ADSL や光ファイバ等のブロードバンド回線でインターネットに接続するための機器である。ブロードバンドルータを使用することにより，複数台のパソコンから同時にインターネットに接続することが可能となる。

ADSL モデム内蔵型のブロードバンドルータは，**NAT** や **IP マスカレード**，**ファイアウォール** (p.132 参照)，**DHCP** などの機能を有している。

インターネットへの常時接続においては，ダイヤルアップ接続と比較して，外部からの不正アクセスなどの危険性が高くなることから，**セキュリティ機能**を有するブロードバンドルータを利用する。

ADSL スプリッタとは，6 ピンモジュラコネクタを用いた配線コードにより接続を行う。

光ファイバケーブルをユーザ宅まで引き込めないマンションなどの集合住宅では，光ファイバケーブルを電気通信事業者の設備センタから引き込まれた電話ケーブルと各ユーザ宅までの構内配線の接続を行う主配線盤が設置してあるところ (MDF) に引き込む。

MDF 室では，構内ネットワーク装置として，光ファイバアクセス回線を成端する**光ケーブル成端キャビネット**と光回線を終端する ONU が設置される。

3. CATV インターネット

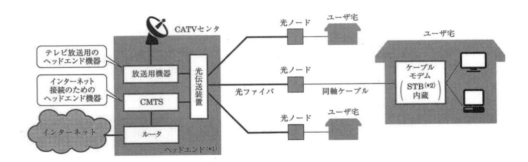

(*1) ヘッドエンド：放送・通信サービスを提供するための各種機器が収容されている施設。
(*2) STB：セットトップボックス。CATV 放送信号等を受信して，一般のテレビ等で視聴可能な信号に変換する装置。

CATV ネットワークの構成(概略図)

CATV（Cable Television）システムは，光ファイバケーブルや同軸ケーブルを使用して，特定の地域を対象にテレビジョン放送サービスなどを行う有線システムで，CATV の空きチャネルを利用して，高速なインターネット通信を行うサービスを **CATV インターネット**という。

加入者宅には**ケーブルモデム**と呼ばれる装置が設定され，これに CATV 回線の同軸ケーブルが接続される。

PC との接続には UTP ケーブルが用いられる。

通信速度は，提供する事業者のサービス形態によってまちまちであるが，おおむね数Mbit/s～数十 Mbit/s と広帯域なサービスが提供されている。

第2章　ネットワークの技術

2-3　データ通信技術

1.　TCP/IP

　　広義の「TCP/IP」は，インターネット標準の通信プロトコルの総称として用いられ，**TCP**（Transmission Contorol Protocol）と **IP**（Internet Protocol）というふたつの代表的なプロトコルの名称を組み合わせた表現である。

　　TCP/IP 階層モデルと OSI 参照モデルは，いずれも各階層の機能を分離し，ある階層の機能を変更しても上位層や全体の動作には影響を与えない仕組みになっている。各階層の役割は全く同じというわけではないが，共通点は多いので 2 つの階層構造を比較することは可能である。

	OSI 参照モデル	TCP/IP 階層化モデル	主な プロトコル	役　　　　割
第7層	アプリ ケーション層	アプリ ケーション層	DHCP DNS FTP HTTP SMTP POP3 SNMP WWW	実際にアプリケーションが用いる各種のサービスのデータのやりとりについて規定しており文字コードの変換やフォーマット等，通信相手のアプリケーションとの間でやりとりするデータに誤りがないかどうかを制御している。
第6層	プレゼン テーション層			
第5層	セション層			
第4層	トランス ポート層	トランス ポート層	TCP UDP	コンピュータ間のデータ転送を制御し，上位のアプリケーション層とのデータの受け渡しを行う。
第3層	ネット ワーク層	インター ネット層	IP ICMP	現在最も普及しているのが IP である。
第2層	データ リンク層	ネットワーク インタフェース層 （リンク層）	イーサネット PPP	物理メディアへの接続や，隣接する他のノードとの通信を行うためのデータリンクレベルでのアドレスやフレームフォーマット等が規定されている。
第1層	物理層			

OSI 参照モデルと TCP/IP 階層化モデル

　　これら 7 層のうち，通信網のネットワークが提供するのは，第 1 層の物理層から第 3 層の**ネットワーク層までの機能**である。

第2編　端末設備の接続のための技術及び理論

アプリケーション層のプロトコル

① **DHCP**（Dynamic Host Configuration Protocol）

　パソコンを起動したとき，そのパソコンに対して IP アドレスなどを自動的に割り当てるためのプロトコルである。

> ┌─ **セキュリティ機能** ─────────────────────
> 　ADSL 回線に接続されるパーソナルコンピュータなどの端末は，ADSL モデム（ルータ機能付き）の **DHCP** サーバ機能が有効な場合は，起動時に DHCP サーバ機能にアクセスして IP アドレスを取得するため，**端末個々に IP アドレスを設定しなくてもよい**

② **DNS**（Domain Name System）

　ユーザが Web サーバにアクセスしたり，電子メールを送受信するときにホスト名とドメイン名から IP アドレスを入手する仕組みをいう。

③ **FTP**（File Transfer Protocol）

　インターネット上でコンピュータ間のファイルの転送を行うアプリケーションプロトコルである。

　ユーザは PC 上の FTP クライアントソフトを使用して，ISP（インターネットサービスプロバイダ）や企業が設置した FTP サーバにアクセスし，FTP サーバに保存されたファイルの転送を行う。

④ **HTTP**（Hyper Text Transfer Protocol）

Web サーバと Web ブラウザとの間で HTML ファイルや画像ファイルなどを転送する。

⑤ **SMTP**（Simple Mail Transfer Protocol）・**POP3**（Post Office Protocol version 3）

　メールクライアントからメールサーバへ**電子メール**を送信したり，メールサーバ間で電子メールを転送するためのプロトコルである。

　SMTP に最寄りのメールサーバまで転送されたメールは，相手先端末の操作により受信される。その際，メールをサーバから取り出すためのプロトコルには，**POP3** や **IMAP**（Internet Message Access Protocol）がある。

⑥ **SNMP**（Simple Network Management Protocol）

　ネットワークに接続された通信機器（ルータ，PC 端末等）を監視し管理する。

⑦ **WWW**（World Wide Web）

　HTML（Hyper Text Markup Language）で書かれた文書や静止画，動画などの情報を納めた Web サーバがインターネットにつながっており，パソコンにインストールした **Web ブラウザ**からアクセスできる。

第2章　ネットワークの技術

トランスポート層のプロトコル

① TCP

「コネクション」と呼ぶ通信路を相手のコンピュータとの間で設定し，このコネクションの開始や維持，終了を行う。そして，送受信データを含むパケットは，このコネクションを通って確実に相手先に届けられる。

データ転送中は，シーケンス番号による**送達確認や順序制御**，誤りのあった TCP セグメントの**再送制御**，**フロー制御**，**誤り制御**などを行って信頼性の高い通信を提供する**コネクション型**の通信プロトコルである。

② UDP (User Datagram Protocol)

データの送達確認は行わない**コネクションレス型**のプロトコルである。

ただし，TCP と比較するとコンピュータの処理負荷が少なく，高速で効率の良い通信が可能となっている。

ネットワークインタフェース層のプロトコル

PPPoE (Point to Point Protocol over Ethernet)

電話回線を通じてインターネットへダイヤルアップ接続する際に使用する **PPP** (Point to Point Protocol) 機能を，イーサネットを通して利用するためのプロトコルである。

PPPoE を利用すると，LAN 上からもユーザ認証や IP アドレスの割り当てなどが可能になり，これを利用すれば，ADSL や CATV，光ファイバなどによる常時接続サービスにおいて，接続するプロバイダを簡単に切り替えられるようになる。日本国内でも多くの ADSL 接続サービスが採用している。

さて，ネットワーク上で 1 回の転送で送信できるデータの最大値のことを **MTU** (Maximum Transmission Unit) というが，PPPoE を使用している電気通信事業者のネットワークの MTU 値 (p.92 参照) は，イーサネットの MTU 値の 1,500 バイトより小さく設定されている。

MTU 値とフラグメント化

MTU よりサイズの大きい IP パケット（IP データグラム）は一度に送信できないので，一般に**複数の IP パケットに分割**して転送する。この処理をフラグメント化という。

IP パケットの分割を禁止する**フラグメント化禁止**が設定されていると，ルータは分割を必要とするようなサイズの大きい IP パケットが転送されてきても，次のルータに転送することはできないので，その **IP パケットは破棄**され，宛先到達不能メッセージを ICMP メッセージにより発信元に返す。

121

インターネット層のプロトコル

① **ICMP**（Internet Control Message Protocol）

ICMPv6 メッセージは，「到達不可」や「時間超過」などのエラーメッセージと，「エコー要求」や「エコー応答」などの情報メッセージの 2 種類に大別される。

ICMPv6 は，ICMPv6 に不可欠なプロトコルとして全ての IPv6 ノードに完全に実装されなければならないと規定されている。

IPv6（IP バージョン 6）

アドレス空間を **128 ビット**を **16 ビット**ずつ **8 ブロック**に分け，各ブロックを **16 進数**で表示し，各ブロックはコロンで区切られて表記される。

IPv6 アドレス構造は，RFC3587 で定義されている。

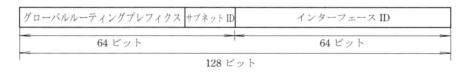

IPv6 アドレスの 128 ビットのうち，上位 64 ビットをプレフィクスといい，ネットワークを識別するために用いられる。

下位の 64 ビットは，インタフェース ID といわれ，ネットワーク上の個別のホストを識別するために用いられる。

宛先の指定方法により，**ユニキャストアドレス**，**マルチキャストアドレス**，及び**エニーキャストアドレス**の 3 種類に大別される。

・**ユニキャストアドレス**

単一の宛先を指定するアドレスであり，1 対 1 の通信に使用する。
グローバルユニキャストアドレスは，128 ビットの列のうち上位（先頭）3 ビットが 001 リンクローカルユニキャストアドレスは上位 10 ビットが "1111111010" となっている。

・**マルチキャストアドレス**

グループを識別するアドレスで，送信された 1 つのデータを，グループに属するすべての端末が受信する通信に使用する。
128 ビット列のうちの上位 8 ビットを 2 進数で表示すると "11111111" であり，IPv6 アドレスの表記法である 16 進数では「ff」と表される。

・**エニーキャストアドレス**

グループを識別するアドレスで，グループの中で一番近くにある端末を受信する。

第2章　ネットワークの技術

ping コマンド `セキュリティ機能`

ICMP メッセージを用いて，TCP/IP ネットワークに接続されたコンピュータの状況を診断する（LAN の通信確認試験）プログラムである。

ping コマンドは，基本的には ping の後に，調査したいあて先の IP アドレスやホスト名を指定する。これに加えて，ハイフン "－" の後，オプション（t，a，n，l，f 等）を指定して付加的な機能を実行することができる。このオプションを使いこなすことによって，ネットワークの不良箇所を特定する等，より幅広いトラブル対策が可能となる。

具体的には，接続の正常性を確認したいコンピュータの IP アドレスを指定して，初期設定値の **32 バイトのデータを送信**する。そして，それに対する送信先コンピュータの応答の有無や，応答時間などのデータをもとにして，**接続が正常であるか否かを判断する**。

② IP

送受信データは，IP パケットの一部である IP アドレス（IP ネットワークに接続されたコンピュータに付与されるレイヤ 3 上の識別番号）の情報に従い，ネットワークを経由して相手側のコンピュータに届けられる。

相手先のコンピュータに向けてパケットを転送する枠組みだけを提供し，パケットが正しく届いたかどうかを確認するしくみを持たない**コネクションレス型**の通信で，そのため，コンピュータ内の処理が少なくて済み，通信の高速化が実現できる。しかし，パケット伝送の誤り制御や再送機能はないため，その機能は，上位層プロトコルに委ねられる。

コネクション型通信とコネクションレス型通信

● コネクション型通信

データ伝送の開始に先立って相手システムとの間にエンド・ツー・エンド（端末－端末間）の論理的な通信路（コネクション）を確立し，データ転送中はデータが確実にが確実に届いたかどうかの送達確認やデータの流れを制御するフロー制御を行う。
このため，信頼性の高い通信が可能である。

● コネクションレス型通信

通信の開始前にコネクションの確立を行わずに，相手のあて先（アドレス）などの情報をつけたデータを送り出す方式である。データはあて先アドレスを見て転送され相手まで届くが，送達確認を行わないので確実に届いたかどうかは保証されないが，送達確認やフロー制御を行わないので手順が簡単で，高速通信に有利である。

123

第２編　端末設備の接続のための技術及び理論

2-4　IPネットワーク

IPネットワークは，ルータによって構成されたパケット交換網であり，レイヤ3（ネットワーク層）のプロトコルを使用して，IPパケットを転送する。

アナログ電話機からの音声もVoIPゲートウェイでIPパケット化されて転送される。

IPネットワークの種類

インターネット：世界中のパソコンやサーバー，LANなどのネットワークを結んでIPパケットを転送する巨大な通信ネットワーク

イントラネット：WWWやブラウザなどのIP技術を利用して構築した企業内だけのネットワーク

エクストラネット：イントラネットを複数の企業まで拡張したもので，データの交換や電子商取引などに利用されている。

外部ネットワーク（インターネット）と内部ネットワーク（イントラネット）の中間に位置する緩衝地帯は**DMZ**といわれ，インターネットからのアクセスを受けるWebサーバ，メールサーバなどは，一般に，ここに設置される。

1.　ルーチング

IP技術を基盤としたネットワークの総称であり，コンピュータ間で通信されるIPパケットを転送する**ルータ**によって構成されたネットワークである。

ルータ（p.93参照）

TCP/IP階層モデルのインターネット層が提供するIPプロトコルを用いて，LAN間を接続する機器

IPパケットを宛先まで転送するために，網の伝送効率の向上と伝送遅延時間の短縮を図りながら，IPパケットごとに最適な経路を選択する。ルータは，このルーチング機能を使って，インターネット層レベルでIPパケットの中継処理を行い，異なるネットワーク相互を接続する。

このように，宛先のIPアドレスを元にして伝送経路(ルート)を選択して転送することを繰り返してIPパケットを目的の宛先まで転送することを**ルーチングテーブル**という。

ルーチングテーブル

あて先のアドレスと，そこに送るための次のルータのアドレスが書かれている。

IP パケットとは，IP ネットワークで伝送されるデータユニットをいい，下図に示すように IP ヘッダ部とデータ部で構成されている。

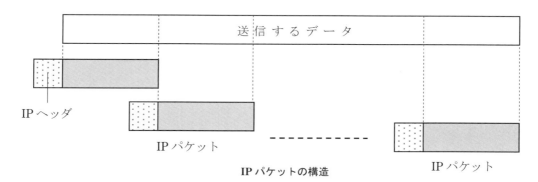

IP パケットの構造

2. IP アドレス

　IP ネットワークを使用して通信するコンピュータは，それぞれを識別するための固有の IP アドレスを持つ必要がある。

　インターネットに接続されているコンピュータの番号（ホスト番号）とそのコンピュータが所属するネットワークの番号（ネットワーク番号）からなり，IP ネットワークではすべてのコンピュータの IP アドレスを登録するのではなく，ネットワークアドレスだけを登録すれば通信したいコンピュータが存在する場所（エリア）を探し出すことができ，IP ネットワークの管理が容易にできるようになっている。

NAT（Network Adress Translation）　セキュリティ機能

　インターネットでは必ずグローバル IP アドレスを使わなければならないので，ローカルネット内の**プライベート IP アドレス**を持つパソコンからインターネット接続を行うときは，プライベート IP アドレスを**グローバル IP アドレス**に変換しなければならないので，**内部の IP アドレスは外部から隠蔽される。**このような機能をいう。

NAPT（Network Adress Port Translation）または **IP マスカレード**　セキュリティ機能

　IP アドレスとともに，上位レイヤのプロトコルである TCP や UDP のポート番号を使い，一つのグローバル IP アドレスに対して複数のプライベート IP アドレスを割り当てる機能を **NAPT**，又は **IP マスカレード**いう。

　NAT と NAPT は，単にグローバル IP アドレスを節約するだけでなく，外部から LAN 内部のホストの IP アドレスを隠蔽できるため，外部からの不正アクセスを防止するうえでも有効である。このため，**ファイアウォール**（p.132 参照）の基本機能の 1 つにもなっている。

第2編　端末設備の接続のための技術及び理論

第3章　情報セキュリティの技術

情報セキュリティ
の三要素
- 機密性 … 許可された利用者以外の者に対して情報を使用させない，または非公開にする。
- 完全性 … 資産が正確・完全であることを保護する。
- 可用性 … 許可された利用者が要求したときにアクセス・使用が可能である。

3-1　コンピュータウイルス

　ウイルスとは，第三者のプログラムやデータベースに対して意図的に何らかの被害を及ぼすように作られたプログラムであり，**自己伝染機能，潜伏機能，発病機能**のうち一つ以上の機能を有するものと定義されている。

（1）ワーム

　他のファイルに感染することなく，単独のプログラムとして動作し，自己増殖する。
　ネットワークを利用して自分自身をコピーしながら，電子メールソフトウェアに登録されているメールアドレスに勝手にメールを送付して，自己増殖を繰り返す。

（2）トロイの木馬

　有益なプログラムと思わせてコンピュータにインストールさせ，ユーザがそのプログラムを実行するとデータの消去やファイルの外部流出を行い，また他人がそのコンピュータを乗っ取るための「窓口」として機能するものなどがある。
　特徴としては，他のファイルやシステムに感染活動は行わない。
　また，増殖を目的としない不正プログラムである。

ウイルス対策

　電子メールの添付ファイル，電子媒体，Webサイトに仕掛けられたウイルスで感染を媒介する。ウイルスに感染したと思われるときには，そのパソコンを**再起動させたりせず**に，直ちにネットワークから切り離して被害を拡大させないようにする。

感染していた場合

①　**ワクチンソフトウェア**などによってウイルスを駆除する。

②　復旧方法としては，システムの初期化，アプリケーションやデータの再インストールが安全で確実な方法である。

悪意のある電子メールの被害を防ぐ

①　見知らぬ相手先から届いた**添付ファイル付きのメールは，無条件で削除**する。

②　メール本文で記述できるものは，テキスト形式などのファイルで添付しない。

③　メールソフトの**プレビュー機能をオフ**にし，ウイルスの被害に備えてデータを**バックアップ**する。

126

第3章　情報セキュリティの技術

電子メールなどでの感染の被害を防ぐ

①　**ウイルス対策ソフトウェアを導入する。**

　　ウイルスの新種が日々発生しているので，ウイルス定義ファイルと検査の対象となるメモリやファイルなどと比較する。

　　パターンファイル（**ウイルス定義ファイル**）のアップデート，ソフトウェアの**バージョンアップ**や**修正プログラムの適用**等を速やかに行う。

┌─　ウイルス定義ファイル　──────────────────────────┐
　　ウイルス定義ファイルとは，コンピュータウイルス対策ソフトウエアがコンピュータ
　ウイルスを検出するために必要なデータベースファイルをいう。
└──────────────────────────────────────┘

②　インターネット接続事業者が提供する**ウイルスチェックサービス**を利用する。

③　**HTML 形式のメール**は，ウイルスに感染するおそれがあるので，テキスト形式でメールを閲覧する。

マクロウイルス

　Word などのマクロ機能を悪用して，マクロを実行する際にウイルスも実行して感染させるのでマクロの自動実行機能を無効にする。

ウイルスの主な検出方法

（1）パターンマッチング方式

　既知のウイルスの特徴が（パターン）が登録されているウイルス定義ファイルと，検査の対象となるメモリやファイルなどとを比較して，パターンが一致するか否かでウイルスかどうかを判断する。この方式では，既知のウイルスの亜種については検出できる場合もあるが，未知のウイルスは検出できない。

（2）チェックサム方式

　ファイルが改変されていないかどうかファイルの完全性をチェックする方式である。この方式では未知のウイルスを検出できるが，検出自体はウイルスに感染してファイルが改変された後になる。

（3）ヒューリスティック方式

　ウイルス定義ファイルに頼ることなくウイルスの構造や動作，属性を解析することで検出する。このため，未知のウイルスの検出も可能である。

第2編　端末設備の接続のための技術及び理論

3-2　電子メールにおける危険要因

（1）スパムメール

電子メールの利用者に向けて，利用者の都合を考慮せずに，広告宣伝や勧誘などの目的で一方的に送信する電子メールをいう。

（2）スパイウェア

ユーザの許可又はユーザに知らせることなしに，ユーザのコンピュータの動きや個人情報を監視，収集するプログラムをいう。

（3）メール爆弾

特定のユーザやサーバに対して，膨大なデータ量の不要メールを送り付け，メールボックスを満杯にし受信できなくしたり，サーバを処理不能にさせたりする。

（4）チェーンメール

メールを受け取ったものが，通信内容を他の宛先に転送してねずみ算式に増え続けて，通信を麻痺させてしまう。

（5）踏み台

スパムメールやメール爆弾で攻撃を仕掛けるとき，身元を隠すあるいは大量処理を発生させるために，コンピュータウイルス等で他人のコンピュータに仕掛けを組み込む。

（6）標的型攻撃

電子メールの送付元をメール送付先の知人や取引先企業などになりすまし特定の企業の社員などを狙ってウイルスを送り付ける攻撃

第3章 情報セキュリティの技術

3-3 不正アクセス・不正行為

（1）盗聴と改ざん

不正な手段で通信内容を盗み取る行為を**盗聴**という。

盗聴を防ぐ対策としては，**データの暗号化**が有効とされている。

盗聴した通信内容を，送信者が意図してないものに書き換える行為を**改ざん**という。

対策として，メッセージの改ざんを検出するための**メッセージ認証・デジタル署名**がある。

（2）なりすまし（スプーフィング）

他人のユーザ ID やパスワード等を入手して，正規の使用者に見せかけて不正な通信をする行為をいう。対策として，**デジタル署名・電子認証**がある。

> **デジタル署名**
>
> 電子的に作成され，ネットワーク上伝送される署名である。
> また，送信者の本人確認と送信された文書の改ざんの有無を同時に確認することもできる。

> **電子認証**
>
> サーバなどへのアクセス時において，アクセスしようとしているユーザが本人であるかどうかを確認する仕組みをいう。一般に，**ユーザ ID とパスワードの組合せ**による認証方式が用いられる。
> サーバなどへの不正アクセスを防ぐ対策として，指紋や光彩など身体的特徴で認証するバイオメトリクス認証，所有している IC カードや磁気カードなどで認証する方法，本人だけが知っている秘密情報で認証する方法などがある。

（3）辞書攻撃

英単語などをパスワードとして使用している場合，そのパスワードは悪意の第三者に容易に解読されるおそれがある。この解読を試みる手法をいう。

（4）ブルートフォース攻撃

「力ずくで・強引に」という意味で，力ずくで**暗号を解読して，パスワードを取得する攻撃**手段のことをいう。対策の一つとして，パスワードを指定回数以上連続して間違えた場合に，一時的に当該ユーザからのログオンを不可にする**アカウントロックアウト機能**の設定が有効である。

（5）ボット

感染したコンピュータを，ネットワークを通じて外部から操作することを目的として作成されたプログラムをいう。

（6）ゼロデイ攻撃

コンピュータプログラムのセキュリティ上の脆弱性が公表される前，あるいは脆弱性の情報は公表されたがセキュリティパッチがまだない状態において，その脆弱性をねらって攻撃する。

（7）キーロガー

キーボードから入力される情報をファイルに保存するなどの機能を持つソフトウェアで，パスワード，クレジットカード番号などを盗用する目的で悪用されることがある。

129

第2編　端末設備の接続のための技術及び理論

（8）シンクライアントシステム

コンピュータからの情報漏洩を防止するための対策の一つで，ユーザが利用するコンピュータには表示や入力などの必要最小限の処理をさせ，サーバ側でアプリケーションやデータファイルなどの資源を管理するシステム。

（9）DDoS（Distributed Dos：分散型サービス妨害攻撃）

複数のネットワークに分散する大量のコンピュータが，一斉に攻撃対象のサーバにパケットを送出して，サービスを提供できなくしてしまう。

防護が困難な攻撃手法の一つである。

（10）スキミング

他人のクレジットカードなどの磁気記録情報を不正に読み取り，カードを偽装したりする。

（11）セッションハイジャック

攻撃者が，Webサーバとクライアント間の通信に割り込んで，正規のユーザーになりすますことによって，やりとりしている情報を盗んだり改ざんしたりする。

（12）ポートスキャン

ネットワークを通じてサーバに連続してアクセスし，セキュリティーホールを探す場合などに利用される。

（13）バッファオーバフロー

データを一時的に保存しておく領域（バッファ）の容量を超える大量のデータを送りつけて，OSやアプリケーションが確保したメモリ領域をあふれさせる**バッファオーバフロー**によってシステムの機能を停止させたり，システムの管理者権限を奪取する。

また，パソコンのOSやアプリケーションソフトの設計ミスなどによって生じたシステムのセキュリティ上の脆弱性があるところを**セキュリティホール**といい，不正侵入の経路となって**バッファオーバフロー攻撃**などを受けることがある。

> **対　策**
>
> **セキュリティホール**については，ソフトウェア会社のWebページなどを定期的に確認して，修正プログラムをダウンロードして対処する。

（14）ハッキングとクラッキング

政府機関や企業のサーバに不正侵入して，Webページを勝手に書き換えたり情報を漏洩する。

> **バックドア**
>
> コンピュータシステムへの不正侵入者が，そのシステムに再び侵入しやすくするための侵入経路を仕掛けておくことがあり，この侵入経路のことをいう。

（15）フィッシング

金融機関などの正規の電子メールやWebサイトを装い，暗証番号やクレジットカード番号などを入力させて，個人情報を盗む行為をいう。

（16）ハニーポット

　不正侵入の手法やコンピュータウイルスの振る舞いなど調査・研究するためにインターネット上に設置されるシステムである。

　サーバなどにわざと脆弱性を持たせて不正侵入者をおびき寄せその行動を記録する。

（17）DNS キャッシュポイズニング

　DNS サーバの脆弱性を利用し，偽りのドメイン管理情報を書き込むことにより，特定のドメインに到達できないようにしたり，悪意のあるサイトに誘導したりする攻撃手法。

（18）バナーチェック

　サーバが提供しているサービスに接続して，その応答メッセージを確認することにより，サーバが使用しているソフトウェアの種類やバージョンを推測する方法で，サーバの脆弱性を検知するための手法である。

不正アクセス対策

①　アクセスポイントと各無線ノードには，一般に **SSID** (Service Set Identifier) という無線のネットワークの識別子が割り当てられており，アクセスポイントと同じ SSID を持つ無線 LAN の端末だけが通信可能となる。

②　アクセスポイントに無線 LAN の端末の MAC アドレスを登録しておき，登録した無線 LAN の端末だけが接続できる **MAC アドレスフィルタリング**などがある。

③　インターネットへの接続形態の一つである常時接続においては，常にアクセス可能な状態にあるため，攻撃を受ける可能性が高くなる。ダイアルアップ接続と比較して，外部からの不正アクセスなどの危険性が高くなることから，セキュリティ機能を有する**ブロードバンドルータ** (p.117 参照) の利用が推奨されている。

第2編　端末設備の接続のための技術及び理論

3-4　ファイアウォール

　外部からの不正なアクセスを防ぐために，外部との境界に「**防火壁**」のように設置するシステム又は機器である。

　インターネットとイントラネット間を流れるパケットを制御し，不正なパケットを阻止する「パケットフィルタリング機能」がある。これは，IP パケットの IP ヘッダ内の IP アドレスや，TCP ヘッダ内の**ポート番号**などの情報に基づいて，パケットの通過を許可または禁止する機能である。

　その際，インターネットからイントラネットへの直接アクセスは阻止するが，イントラネットからインターネットへのアクセスは行えるようにすることで，セキュリティと利便性を両立している。

　インターネットからのアクセスを受ける Web サーバ，メールサーバなどは，一般に，**DMZ** に設置される。

- **非武装地帯（DMZ）**

　プライベートネットワークなどとインターネットを，論理的には接続しながらも隔離により内側の安全性を高く保ち，また，公開ウェブサーバなどに関して外側からのアクセスと内側からの管理の利便性を両立させるなどの目的で，両者の中間に「非武装地帯」として設けられるネットワーク領域のことである。

　ファイアウォールの機能は一般に，ブロードバンドルータとして，(p.117 参照) などのネットワーク機器に実装されている。

　また，外部ネットワーク（インターネット）から内部ネットワーク（イントラネット）への不正侵入や攻撃を監視し，検知するためのシステムとして，ファイアウォールだけでは防止できないような不正アクセス行為を検出する **IDS**（Intrusion Detection System：侵入検知システム）がある。

3-5　**VPN**（Virtual Private Network：仮想施設網）

　多くのユーザが共用するインターネット接続業者などの IP ネットワーク上に，あたかもトンネルを掘ったように**セキュリティ**を確保した仮想的な専用線を作る技術をいい，企業内のイントラネットや企業間のエクストラネットなどで利用されている。

　企業などの IP ネットワークでは，本社と支社，支店などの LAN の間を電気通信事業者の専用線で結んでいたが，伝送速度の向上や通信コストの削減のために利用する企業が増加している。

技術科目　工事担任者試験　過去問題 1 (16' 5)

問 1 次の各文章の　　　内に，それぞれの解答群の中から，最も適したものを選び，その番号を記せ。

(1) GE－PON システムについて述べた次の記述のうち，誤っているものは，(ア) である。

① OLT からの下り方向の通信では，OLT が，どの ONU に送信するフレームかを判別し，送信するフレームの宛先アドレスフィールドに，送信する相手の ONU 用の識別子を埋め込んでネットワークに送出する。

② OLT からの下り信号は，放送形式で配下の全 ONU に到達するため，各 ONU は受信したフレームが自分宛であるかどうかを判断し，取捨選択を行う。

③ GE－PON は，OLT と ONU の間において光／電気変換を行わず，受動素子である光スプリッタを用いて光信号を複数に分岐することにより，光ファイバを複数のユーザで共有する方式である。

(2) IP 電話のプロトコルとして用いられている SIP は，IETF の RFC3261において標準化された呼制御プロトコルであり，(イ) で動作する。

① IPv4 のみ　　　② IPv6 のみ　　　③ IPv4 及び IPv6 の両方

(3) IEEE802.11において標準化された無線 LANについて述べた次の二つの記述は，(ウ)。

A 2.4GHz 帯の無線 LAN は，ISM バンドとの干渉によるスループットの低下がない。

B CSMA／CA 方式では，送信端末からの送信データが他の無線端末からの送信データと衝突しても，送信端末では衝突を検知することが困難であるため，送信端末は，アクセスポイント(AP)からの ACK 信号を受信することにより，送信データが正常に AP に送信できたことを確認する。

① A のみ正しい　② B のみ正しい　③ A も B も正しい　④ A も B も正しくない

(4) アナログ電話回線を使用して ADSL 信号を送受信するための機器である (エ) は，データ信号を変調・復調する機能を持ち，変調方式には DMT 方式が用いられる。

① ADSL スプリッタ　　　② ADSL モデム　　　③ DSU (Digital Service Unit)

(5) IP 電話機を IEEE802.3u において標準化された (オ) の LAN 配線に接続するためには，一般に，非シールド撚り対線ケーブルの両端に RJ－45 といわれる 8 ピン・モジュラプラグを取り付けたコードが用いられる。

① 100BASE－TX　　　② 100BASE－FX　　　③ 1000BASE－CX

問2　次の各文章の 　　　 内に，それぞれの解答群の中から，最も適したものを選び，その番号を記せ．

(1)　HDLC手順では，フレーム同期をとりながら (ア) ために，受信側において，開始フラグシーケンスを受信後に5個連続したビットが1のとき，その直後のビットの0は無条件に除去される．

　① 送受信のタイミングを確認する
　② データの透過性を確保する
　③ ビット誤りがあるフレームを破棄する

(2)　100BASE-FXでは，送信するデータに対して4B/5Bといわれるデータ符号化を行った後，(イ) といわれる方式で信号を符号化する．(イ) は，図1に示すように2値符号でビット値1が発生するごとに信号レベルが低レベルから高レベルへ又は高レベルから低レベルへと遷移する符号化方式である．

　① MLT-3　　② NRZ　　③ NRZI

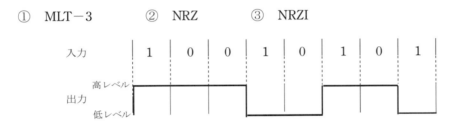

(3)　図2に示す，メタリックケーブルを用いて電話共用型ADSLサービスを提供するための設備の構成において，ADSL信号の伝送品質を低下させる要因となるおそれがあるブリッジタップの箇所について述べた次の二つの記述は，(ウ) ．

　A　幹線ケーブルと同じ心線数の分岐ケーブルが幹線ケーブルとマルチ接続され，分岐ケーブルの下部側に延長されている箇所(図中ⓐ)．
　B　幹線ケーブルとユーザへの引込線の接続点において，幹線ケーブルの心線とユーザへの引込線が接続され，幹線ケーブルの心線の下部側が切断されている箇所(図中ⓑ)

　① Aのみ正しい　② Bのみ正しい　③ AもBも正しい　④ AもBも正しくない

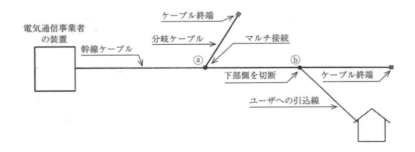

技術科目　工事担任者試験　過去問題 1 (16' 5)

（4）　OSI 参照モデル（7 階層モデル）の第 2 層であるデータリンク層の定義として，JIS X 0026 : 1995 情報処理用語（開放型システム間相互接続）で規定されている内容について述べた次の記述のうち，正しいものは，　（エ）　である。

①　通信相手にデータを届けるための経路選択及び交換を行うことによって，データのブロックを転送するための手段を提供する。

②　伝送媒体上でビットの転送を行うためのコネクションを確立し，維持し，解放する機械的，電気的，機能的及び手続き的な手段を提供する。

③　ネットワークエンティティ間で，一般に隣接ノード間のデータを転送するためのサービスを提供する。

（5）　電気通信事業者側とユーザ側に設置されたメディアコンバータなどとの間で，1 心の光ファイバを 1 ユーザが専有する形態によりサービスが提供される光アクセスネットワークの構成は　（オ）　方式といわれる。

①　PDS (Passive Double Star)

②　SS (Single Star)

③　ADS (Active Double Star)

135

技術科目　工事担任者試験　過去問題 1 (16' 5)

問 3　次の各文章の　　　　内に，それぞれの解答群の中から，最も適したものを選び，その番号
　　を記せ。

（1）　考えられる全ての暗号鍵や文字列の組合せを試みることにより，暗号の解読やパスワー
　　ドの解析を試みる手法は，一般に，　(ア)　攻撃といわれる。

　　　　①　バッファオーバフロー
　　　　②　DDoS
　　　　③　ブルートフォース

（2）　ネットワークを通じてサーバに連続してアクセスし，セキュリティホールを探す場合な
　　どに利用される手法は，一般に，　(イ)　といわれる。

　　　　①　スプーフィング
　　　　②　ポートスキャン
　　　　③　スキミング

（3）　スイッチングハブのフレーム転送方式におけるストアアンドフォワード方式について述
　　べた次の記述のうち，正しいものは，　(ウ)　である。

　　　　①　有効フレームの先頭から FCS までを受信した後，異常がなければフレームを転送する。
　　　　②　有効フレームの先頭から 64 バイトまでを受信した後，異常がなければフレームを転
　　　　　送する。
　　　　③　有効フレームの先頭から宛先アドレスの 6 バイトまでを受信した後，フレームが入力
　　　　　ポートで完全に受信される前に，フレームを転送する。

（4）　IETF の RFC4443 において標準化された ICMPv6 の ICMPv6 メッセージには，大きく
　　分けてエラーメッセージと　(エ)　メッセージの 2 種類がある。

　　　　①　制　御
　　　　②　情　報
　　　　③　呼処理

（5）　ルータは，OSI 参照モデルにおける　(オ)　が提供する機能を利用して，異なる LAN
　　相互を接続することができる。

　　　　①　トランスポート層
　　　　②　データリンク層
　　　　③　ネットワーク層

問4 次の各文章の 内に，それぞれの解答群の中から，最も適したものを選び，その番号を記せ。

(1) 光ファイバコネクタのフェルールの研磨にはフェルール先端を直角にフラット研磨する方法があるが，コネクタ接続部の光ファイバ間に微小な空間ができるため (ア) が起こる。

① フレネル反射
② モード分散
③ 後方散乱

(2) 光ファイバ心線の融着接続部は，被覆が完全に除去されるため機械的強度が低下するので，融着接続部の補強方法として，一般に， (イ) により補強する方法が採用されている。

① ワイヤプロテクタ
② 光ファイバ保護スリーブ
③ プランジャ

(3) フロアダクトは，鋼製ダクトをコンクリートの床スラブに埋設し，電源ケーブルや通信ケーブルを配線するために使用される。埋設されるダクトには，接地抵抗値が (ウ) オーム以下の接地工事を施す必要がある。

① 1 　　　② 10 　　　③ 100

(4) Windows のコマンドプロンプトから入力される ping コマンドは，調べたいパーソナルコンピュータの IP アドレスを指定することにより，ICMP メッセージを用いて初期設定値の (エ) バイトのデータを送信し，パーソナルコンピュータからの返信により接続の正常性を確認することができる。

① 32 　　　② 64 　　　③ 128

(5) 室内におけるケーブル配線設備について述べた次の二つの記述は， (オ) 。

A 床の配線ダクトにケーブルを通す床配線方式で，電源ケーブルや通信ケーブルを配線するための既設ダクトを備えた金属製又はコンクリートの床は，一般に，セルラフロアといわれる。

B 通信機械室などにおいて，床下に電力ケーブル，LAN ケーブルなどを自由に配線するための二重床は，一般に，フリアクセスフロアといわれる。

① A のみ正しい
② B のみ正しい
③ A も B も正しい
④ A も B も正しくない

問1 次の各文章の ___ 内に，それぞれの解答群の中から，最も適したものを選び，その番号を記せ。

(1) GE－PONシステムでは，OLT～ONU相互間を上り／下りともに最速で毎秒 (ア) ギガビットにより双方向通信を行うことが可能である。

　① 1　　　② 2.5　　　③ 10

(2) IEEE802.11nとして標準化された無線LANは，IEEE802.11b/a/gと同じ周波数帯を使用し後方互換性を確保しており， (イ) の周波数帯を用いた方式が定められている。

　① 2.4GHz帯のみ　　② 5GHz帯のみ　　③ 2.4GHz帯及び5GHz帯

(3) ADSLスプリッタは受動回路素子で構成されており，アナログ電話サービスの音声信号などとADSLサービスの (ウ) 信号とを分離・合成する機能を有している。

　① DMT (Discrete Multi‐Tone)
　② TDM (Time Division Multiplex)
　③ FDM (Frequency Division Multiplex)

(4) 図はADSLモデム(モデム機能のみの装置)の背面の例を示す。図中のINITスイッチの機能又は用途について述べた次の記述のうち，誤っているものは， (エ) である。

　① 工場出荷後に書き込まれた設定情報を工場出荷時の状態に戻す。
　② ユーザが書き込んだ設定情報を誤って消去しないように保護する。
　③ ADSLモデムを廃棄又は他人に譲渡する際に，ユーザが書き込んだ設定情報を消去する。

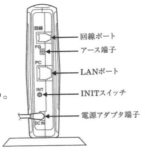

(5) IEEE802.3at Type1規格のPoE機能を用いて，IP電話機に給電する場合について述べた次の二つの記述は， (オ) 。

　A 給電側の機器(PSE)は，給電を開始する前にIP電話機がIEEE802.3at Type1準拠の受電側の機器(PD)であることを検知する。
　B 100BASE‐TXのLAN配線の信号対又は予備対(空き対)の2対を使って，IP電話機に給電することができる。

　① Aのみ正しい　② Bのみ正しい　③ AもBも正しい　④ AもBも正しくない

技術科目　工事担任者試験　過去問題 2 (16' 11)

問 2　次の各文章の ▢ 内に，それぞれの解答群の中から，最も適したものを選び，その番号を記せ。

(1)　HDLC 手順におけるフレーム同期などについて述べた次の二つの記述は，　（ア）　。

A　信号の受信側においてフレームの開始位置を判断するための開始フラグシーケンスは，01111110 のビットパターンである。

B　受信側では，開始フラグシーケンスを受信後に 5 個連続したビットが 1 のとき，その直後のビットの 0 は無条件に除去される。

①　A のみ正しい　　②　B のみ正しい　　③　A も B も正しい　　④　A も B も正しくない

(2)　IPv6 アドレスの表記は，128 ビットを　（イ）　に分け，各ブロックを 16 進数で表示し，各ブロックを（ : ）コロンで区切る。

①　8 ビットずつ 16 ブロック
②　16 ビットずつ 8 ブロック
③　32 ビットずつ 4 ブロック

(3)　OSI 参照モデル（7 階層モデル）において，伝送媒体上でビットの転送を行うための物理コネクションを確立し，維持し，解放する機械的，電気的，機能的及び手続き的な手段を提供するのは，第　（ウ）　層である。

①　1　　　　②　2　　　　③　3

(4)　固定電話網を構成する，メタリックケーブルを用いたアクセス回線において，ユーザの増加などに柔軟に対応するため，幹線ケーブルの心線と分岐ケーブルの心線がマルチ接続され，幹線ケーブルの心線が下部側に延長されている箇所は，　（エ）　といわれ，電話共用型 ADSL サービスにおいては，ADSL 信号の反射などにより，伝送品質を低下させる要因となるおそれがある。

①　フェルール　　　②　マルチポイント　　　③　ブリッジタップ

(5)　光ファイバーによるブロードバンドサービス用のアクセス回線を利用した IP 電話サービスでは，ユーザ宅側に設置される　（オ）　と電気通信事業者側の光加入者線終端装置などを用いてサービスが提供されている。

①　ONU (Optical Network Unit)
②　OSU (Optical Subscriber Unit)
③　OLT (Optical Line Terminal)

問3 次の各文章の ___ 内に，それぞれの解答群の中から，最も適したものを選び，その番号を記せ。ただし， ___ 内の同じ記号は，同じ解答を示す。

(1) 攻撃者が，Web サーバとクライアントとの間の通信に割り込んで，正規のユーザになりすますことにより，その間でやり取りしている情報を盗んだり改ざんしたりする行為は，一般に， (ア) といわれる。

① SYN フラッド攻撃　② コマンドインジェクション　③ セッションハイジャック

(2) コンピュータウイルス対策について述べた次の二つの記述は， (イ) 。

A　Word や Excel を利用する際には，一般に，ファイルを開くときにマクロを自動実行する機能を無効にしておくことが望ましいとされている。

B　ウイルスに感染したと思われる兆候が現れたときの対処として，一般に，コンピュータの異常な動作を止めるために直ちに再起動を行い，その後，ウイルスを駆除する手順が推奨されている。

① A のみ正しい　　　　　② B のみ正しい
③ A も B も正しい　　　　④ A も B も正しくない

(3) スイッチングハブのフレーム転送方式におけるカットアンドスルー方式について述べた次の記述のうち，正しいものは， (ウ) である。

① 有効フレームの先頭から 64 バイトまでを受信した後，異常がなければフレームの転送を開始する。

② 有効フレームの先頭から宛先アドレスの 6 バイトまでを受信した後，フレームが入力ポートで完全に受信される前に，フレームの転送を開始する。

③ 有効フレームの先頭から FCS までを受信した後，異常がなければフレームを転送する。

(4) コネクタ付き UTP ケーブルを現場で作製する際には， (エ) による伝送性能に与える影響を最小にするため，コネクタ箇所での心線の撚り戻し長はできるだけ短くする注意が必要である。

① 近端漏話　　　② 挿入損失　　　③ 伝搬遅延

(5) ADSL 回線を利用してインターネットに接続されるパーソナルコンピュータなどの端末は，ADSL ルータなどの (オ) サーバ機能が有効な場合は，起動時に， (オ) サーバ機能にアクセスして IP アドレスを取得するため，端末個々に IP アドレスを設定しなくてもよい。

① DNS (Domain Name System)
② SNMP (Simple Network Management Protocol)
③ DHCP (Dynamic Host Configuration Protocol)

問4 次の各文章の □ 内に，それぞれの解答群の中から，最も適したものを選び，その番号を記せ。

(1) ホームネットワークなどにおける配線に用いられるプラスチック光ファイバは，曲げに強く折れにくいなどの特徴があり，送信モジュールには，一般に，光波長が650ナノメートルの (ア) が用いられる。

① FET
② LED
③ PD

(2) 光ファイバの接続について述べた次の二つの記述は， (イ) 。

A メカニカルスプライス接続は，V溝により光ファイバどうしを軸合わせして接続する方法を用いており，接続工具には電源を必要としない。

B コネクタ接続は，光コネクタにより光ファイバを機械的に接続する接続部に接合剤を使用するため，再接続できない。

① Aのみ正しい   ② Bのみ正しい
③ AもBも正しい   ④ AもBも正しくない

(3) UTPケーブルを図に示す8極8心のモジュラコネクタに，配線規格568Bで決められたモジュラアウトレットの配列でペア1からペア4を結線するとき，ペア1のピン番号の組合せは， (ウ) である。

① 1番と2番
② 3番と6番
③ 4番と5番
④ 7番と8番

コネクタ前面図

(4) UTPケーブルへのコネクタ成端時における結線の配列誤りには， (エ) ，クロスペア，リバースペアなどがあり，このような配線誤りの有無を確認する試験は，一般に，ワイヤマップ試験といわれる。

① ショートリンク   ② スプリットペア   ③ ツイストペア

(5) 床の配線ダクトにケーブルを通す床配線方式で，電源ケーブルや通信ケーブルを配線するための既設ダクトを備えた金属製又はコンクリートの床は，一般に， (オ) といわれる。

① セルラフロア   ② フリーアクセスフロア   ③ トレンチダクト

技術科目　工事担任者試験　過去問題 3 (17' 5)

問 1　次の各文章の　　　　内に，それぞれの解答群の中から，最も適したものを選び，その番号を記せ。

(1)　GE-PON システムについて述べた次の記述のうち，誤っているものは，[(ア)] である。

① GE-PON は，OLT と ONU の間において光／電気変換を行わず，受動素子である光スプリッタを用いて光信号を複数に分岐することにより，光ファイバの 1 心を複数のユーザで共用する方式である。

② OLT は，ONU がネットワークに接続されるとその ONU を自動的に発見し，通信リンクを自動で確立する機能を有しており，この機能は上り帯域制御といわれる。

③ OLT からの下り信号は，放送形式で配下の全 ONU に到達するため，各 ONU は受信したフレームが自分宛であるかどうかを判断し，取捨選択を行う。

(2)　IP 電話機などについて述べた次の二つの記述は，[(イ)] 。

A　有線 IP 電話機は，LAN ケーブルを用いて IP ネットワークに直接接続できる端末であり，一般に，背面又は底面に LAN ポートを備えている。

B　IP 電話には，0AB 〜J 番号が付与されるものと，050 で始まる番号が付与されるものがある。

①　A のみ正しい　　　　　　　　②　B のみ正しい
③　A も B も正しい　　　　　　　④　A も B も正しくない

(3)　IP 電話のプロトコルとして用いられている SIP は IETF の RFC3261 において標準化された [(ウ)] プロトコルであり，IPv4 及び IPv6 の両方で動作する。

①　ネットワーク管理　　　　②　呼制御　　　　③　経路制御

(4)　IEEE802.3at Type1 として標準化された [(エ)] 機能を利用すると，100BASE‐TX などのイーサネットで使用している LAN 配線の信号対又は予備対（空き対）の 2 対を使って，[(エ)] 機能を持つ IP 電話機に給電することができる。

①　EoMPLS　　　　②　PoE　　　　③　PPPoE

(5)　IEEE802.11 において標準化された [(オ)] 方式の無線 LAN において，アクセスポイントにデータフレームを送信した無線 LAN 端末は，アクセスポイントからの ACK フレームを受信した場合，一定時間待ち，他の無線端末から電波が出ていないことを確認してから次のデータフレームを送信する。

①　TCP/IP　　　　②　CSMA/CD　　　　③　CSMA/CA

問2 次の各文章の　　　内に，それぞれの解答群の中から最も適したものを選び，その番号を記せ。

(1) HDLC手順では，フレーム同期をとりながらデータの透過性を確保するために，受信側において，開始フラグシーケンスを受信後に (ア) 個連続したビットが1のとき，その直後のビットの0は無条件に除去される。

　① 5　　　② 7　　　③ 8

(2) 100BASE-FXでは，送信するデータに対して4B/5Bといわれるデータ符号化を行った後，(イ) といわれる方式で信号を符号化する。(イ) は，図1に示すように2値符号でビット値1が発生するごとに信号レベルが低レベルから高レベルへ又は高レベルから低レベルへと遷移する符号化方式である。

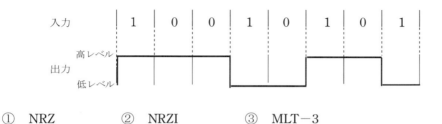

　① NRZ　　　② NRZI　　　③ MLT-3

(3) 光アクセスネットワークの設備構成のうち，電気通信事業者のビルから配線された光ファイバの1心を光スプリッタを用いて分岐し，個々のユーザにドロップ光ファイバケーブルで配線する構成を採る公式は，(ウ) 方式といわれる。

　① HFC　　　② ADS　　　③ PDS

(4) OSI参照モデル(7階層モデル)の第3層であるネットワーク層について述べた次の記述のうち，正しいものは (エ) である。

　① 異なる通信媒体上にある端末どうしでも通信できるように，端末のアドレス付けや中継装置も含めた端末相互間の経路選択などを行う。
　② どのようなフレームを構成して通信媒体上でのデータ伝送を実現するかなどを規定する。
　③ 端末からビット列を回線に送出するときの電気的条件，機械的条件などを規定する。

(5) データリンク層において，一つのフレームで送信可能なデータの最大長は (オ) といわれ，一般に，イーサネットでは1,500バイトである。

　① RWIN　　　② MSS　　　③ MTU

問3　次の各文章の　　　内に，それぞれの解答群の中から，最も適したものを選び，その番号を記せ。

(1) サーバが提供しているサービスに接続して，その応答メッセージを確認することにより，サーバが使用しているソフトウェアの種類やバージョンを推測する方法は，　(ア)　といわれ，サーバの脆弱性を検知するための手法として用いられる場合がある。

　　① トラッシング　　　　② バナーチェック　　　　③ パスワード解析

(2) 外部ネットワーク（インターネット）と内部ネットワーク（イントラネット）の中間に位置する緩衝地帯は，　(イ)　といわれ，インターネットからのアクセスを受ける Web サーバ，メールサーバなどは，一般に，ここに設置される。

　　① DMZ　　　　② SSL　　　　③ DNS

(3) スイッチングハブのフレーム転送方式におけるストアアンドフォワード方式では，有効フレームの先頭から　(ウ)　までを受信した後，異常がなければ受信したフレームを転送する。

　　① 64 バイト　　　　② 宛先アドレス　　　　③ FCS

(4) ネットワークインタフェースカード（NIC）に固有に割り当てられた物理アドレスは，一般に，MAC アドレスといわれ，　(エ)　ビットで構成される。

　　① 48　　　　② 64　　　　③ 96

(5) IETF の RFC4443 において標準化された　(オ)　のメッセージには，大きく分けてエラーメッセージと情報メッセージの 2 種類があり，　(オ)　は，IPv6 に不可欠なプロトコルとして，全ての IPv6 ノードに完全に実装されなければならないとされている。

　　① SNMPv3　　　　② ICMPv6　　　　③ DHCPv6

問4 次の各文章の　　　内に，それぞれの解答群の中から，最も適したものを選び，その番号を記せ。

(1) ステップインデックス型マルチモード光ファイバでは，コアとクラッドの屈折率を比較すると，(ア) となっている。

① コアがクラッドより僅かに小さい値　② コアとクラッドが全く同じ値
③ コアがクラッドより僅かに大きい値

(2) 光ファイバ心線の接続について述べた次の二つの記述は，(イ)。

A　光ファイバ心線の融着接続部は，被覆が完全に除去されるため機械的強度が低下するので，融着接続部の補強方法として，一般に，フェルールにより補強する方法が採用されている。

B　光ファイバ心線どうしを接続するときに用いられるコネクタには，接続損失や反射を極力発生させないことが求められる。

① Aのみ正しい　② Bのみ正しい　③ AもBも正しい　④ AもBも正しくない

(3) LAN配線工事においてUTPケーブルを図に示す8極8心のモジュラコネクタに，配線規格568Bで決められたモジュラアウトレットの配列でペア1からペア4を結線する場合，1000BASE - Tのギガビットイーサネットでは，(ウ) を用いてデータの送受信を行っている。

① ペア1と2　② ペア2と3
③ ペア3と4　④ 全てのペア

コネクタ前面図

(4) LAN配線工事に用いられるUTPケーブルについて述べた次の記述のうち，誤っているものは，(エ) である。

① UTPケーブルは，ケーブル外被の内側において薄い金属箔を用いて心線全体をシールドすることにより，ケーブルの外からのノイズの影響を受けにくくしている。
② UTPケーブルは，ケーブル内の2本の心線どうしを対にして撚り合わせることにより，外部へノイズを出しにくくしている。
③ UTPケーブルを成端する場合，撚り戻しを長くすると，近端漏話が大きくなる。

(5) Windowsのコマンドプロンプトから入力されるpingコマンドは，調べたいパーソナルコンピュータのIPアドレスを指定することにより，ICMPメッセージを用いて初期設定値の(オ) バイトのデータを送信し，パーソナルコンピュータからの返信により接続の正常性を確認することができる。

① 32　② 64　③ 128

技術科目 工事担任者試験 過去問題4 (17'11)

問1 次の各文章の □ 内に，それぞれの解答群の中から，最も適したものを選び，その番号を記せ。

(1) ADSLスプリッタは受動回路素子で構成されており，アナログ電話サービスの音声信号などとADSLサービスの (ア) 信号とを分離・合成する機能を有している。

① FDM (Frequency Division Multiplex) ② DMT (Discrete Multi‐Tone)
③ TDM (Time Division Multiplex)

(2) GE−PONシステムにおいて，OLTからの下り方向の通信では，OLTが，どのONUに送信するフレームかを判別し，送信するフレームの (イ) に，送信する相手のONU用の識別子を埋め込んでネットワークに送出する。

① 宛先アドレスフィールド ② 送信元アドレスフィールド ③ プリアンブル

(3) IP電話機を，IEEE802.3uにおいて標準化された100BASE‐TXのLAN配線に接続するためには，一般に，非シールド撚り対線ケーブルの両端に (ウ) を取り付けたコードが用いられる。

① RJ−14といわれる6ピン・モジュラプラグ
② RJ−14といわれる8ピン・モジュラプラグ
③ RJ−45といわれる6ピン・モジュラプラグ
④ RJ−45といわれる8ピン・モジュラプラグ

(4) IEEE802.3at Type1として標準化されたPoE機能を利用すると，100BASE‐TXのイーサネットで使用しているLAN配線の信号対又は予備対(空き対)の (エ) 対を使って，PoE機能を持つIP電話機に給電することができる。

① 1 ② 2 ③ 4

(5) IEEE802.11において標準化された無線LANについて述べた次の二つの記述は，(オ)。

A CSMA/CA方式では送信端末からの送信データが他の無線端末からの送信データと衝突しても送信端末では衝突を検知することが困難であるため，送信端末はアクセスポイント(AP)からのACK信号を受信することにより，送信データが正常に(AP)に送信できたことを確認する。

B 2.4GHz帯の無線LANは，ISMバンドとの干渉によるスループットの低下がない。

① Aのみ正しい ② Bのみ正しい
③ AもBも正しい ④ AもBも正しくない

問2　次の各文章の　　　内に，それぞれの解答群の中から，最も適したものを選びなさい．

(1) デジタル信号を送受信するための伝送路符号化方式のうち (イ) 符号は，図に示すように，ビット値0のときは信号レベルを変化させず，ビット値1が発生するごとに，信号レベルが0から高レベルへ，高レベルから0へ，又は0から低レベルへ，低レベルから0へと，信号レベルを1段ずつ変化させる符号である．

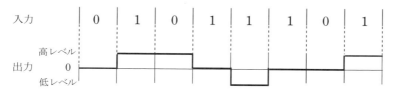

① MLT－3　② NRZ　③ NRZI

(2) アクセス回線としてアナログ電話用の平衡対メタリックケーブルを使用して，数百キロビット/秒から数十メガビット/秒のデータ信号を伝送するブロードバンドサービスは，電気通信事業者側に設置されたDSLAM(Digital Subscriber Line Access Multiplexer)装置などとユーザ側に設置された (イ) を用いてサービスを提供している．

① メディアコンバータ　② ADSLモデム　③ DSU(Digital Service Unit)

(3) 光アクセス方式の一つであるGE－PONシステムについて述べた次の二つの記述は，(ウ)．

A　GE－PONシステムは，電気通信事業者からの1心の光ファイバを分岐してユーザ宅に配線するアクセスネットワークの構成を採っており，光ファイバをユーザ宅まで引き込む形態であるFTTH(Fiber To The Home)を実現している．

B　GE－PONシステムでは，ユーザ側の装置と電気通信事業者側の装置相互間を上り/下りともに最速で毎秒1ギガビットにより双方向通信を行うことが可能である．

① Aのみ正しい　② Bのみ正しい
③ AもBも正しい　④ AもBも正しくない

(4) IPv6アドレスの表記は，128ビットを (エ) に分け，各ブロックを16進数で表示し，各ブロックをコロン(：)で区切る．

① 4ビットずつ32ブロック　② 8ビットずつ16ブロック
③ 16ビットずつ8ブロック

(5) IPネットワークで使用されているTCP/IPのプロトコル階層モデルは，一般に，4階層モデルで表される．このうち，OSI参照モデル(7階層モデル)のネットワーク層に相当するのは (オ) 層である．

① ネットワークインタフェース　② インターネット　③ アプリケーション

問3 次の各文章の ▢ 内に，それぞれの解答群の中から，最も適したものを選び，その番号を記せ。

(1) グローバルIPアドレスとプライベートIPアドレスを相互変換する機能は，一般に，(ア) といわれ，インターネットなどの外部ネットワークから企業などが内部で使用しているIPアドレスを隠すことができるためセキュリティレベルを高めることが可能である。

① DMZ ② IDS ③ NAT

(2) コンピュータからの情報漏洩を防止するための対策の一つで，ユーザが利用するコンピュータには表示や入力などの必要最小限の処理をさせ，サーバ側でアプリケーションやデータファイルなどの資源を管理するシステムは，一般に，(イ) システムといわれる。

① シンクライアント
② 検疫ネットワーク
③ リッチクライアント

(3) IPv4ネットワークにおいて，IPv4パケットなどの転送データが特定のホストコンピュータへ到達するまでに，どのような経路を通るのかを調べるために用いられる tracert コマンドは，(ウ) メッセージを用いる基本的なコマンドの一つである。

① DHCP ② HTTP ③ ICMP

(4) LANを構成するレイヤ2スイッチは，受信したフレームの (エ) を読み取り，アドレステーブルに登録されているかどうかを検索し，登録されていない場合はアドレステーブルに登録する。

① 宛先IPアドレス
② 宛先MACアドレス
③ 送信元IPアドレス
④ 送信元MACアドレス

(5) ルータは，OSI参照モデルにおける (オ) 層が提供する機能を利用して，異なるLAN相互を接続することができる。

① データリンク
② ネットワーク
③ トランスポート

技術科目　工事担任者試験　過去問題 4 (17' 11)

問 4　次の各文章の　　　内に，それぞれの解答群の中から，最も適したものを選び，その番号を記せ。

(1)　光ファイバのコネクタ接続において，フェルール先端を直角にフラット研磨した端面形状の場合，コネクタ接続部の光ファイバ間に微少な空間ができるため，　(ア)　が起こる。

 ① 波長分散
 ② フレネル反射
 ③ 後方散乱

(2)　石英系光ファイバについて述べた次の二つの記述は，　(イ)　。

 A　マルチモード光ファイバは，モード分散の影響により，シングルモード光ファイバと比較して伝送帯域が狭く，主に LAN などの短距離伝送用に使用される。

 B　ステップインデックス型光ファイバのコアの屈折率はクラッドの屈折率より僅かに小さい。

 ① A のみ正しい
 ② B のみ正しい
 ③ A も B も正しい
 ④ A も B も正しくない

(3)　UTP ケーブルを図に示す 8 極 8 心のモジュラコネクタに，配線規格 568B で決められたモジュラアウトレットの配列でペア 1 からペア 4 を結線するとき，ペア 2 のピン番号の組合わせは，　(ウ)　である。

 ① 1 番と 2 番
 ② 3 番と 6 番
 ③ 4 番と 5 番
 ④ 7 番と 8 番

1 2 3 4 5 6 7 8
アウトレット位置

コネクタ前面図

(4)　UTP ケーブルへのコネクタ成端時における結線の配列誤りには，　(エ)　，クロスペア，リバースペアなどがあり，このような配線誤りの有無を確認する試験は，一般に，ワイヤマップ試験といわれる。

 ① ショートリンク　 ② ツイストペア　 ③ スプリットペア

(5)　フロアダクト配線工事において，フロアダクトが交差するところには，一般に，　(オ)　が設置される。

 ① スイッチボックス　 ② ジャンクションボックス　 ③ パッチパネル

技術科目 工事担任者試験 過去問題5 (18' 5)

問1　次の各文章の　　　内に，それぞれの解答群の中から，最も適したものを選び，その番号を記せ。

(1)　GE−PON システムで用いられている OLT 及び ONU の機能などについて述べた次の記述のうち，正しいものは，　(ア)　である。

　①　GE−PON では，光ファイバ回線をスプリッタで分岐し，OLT ～ONU 相互間を上り/下りともに最大の伝送速度として毎秒 10 ギガビットで双方向通信を行うことが可能である。

　②　ONU からの上り信号は，OLT 配下の他の ONU からの上り信号と衝突しないよう，OLT があらかじめ各 ONU に対して，異なる波長を割り当てている。

　③　OLT からの下り方向の通信では，OLT は，どの ONU に送信するフレームかを判別し，送信するフレームのプリアンブルに送信相手の ONU 用の識別子を埋め込んだ信号をネットワークに送出する。

(2)　アナログ電話サービスの音声信号などと ADSL サービスの信号を分離・合成する機器である　(イ)　は，受動回路素子で構成されている。

　①　ADSL スプリッタ　　　②　ADSLモデム　　　③　VoIP アダプタ

(3)　IP 電話などについて述べた次の二つの記述は，　(ウ)　。

　A　IP 電話には，0AB～J 番号が付与されるものと，050 で始まる番号が付与されるものがある。

　B　有線 IP 電話機はLAN ケーブルを用いて IP ネットワークに直接接続でき，一般に，背面又は底面に LAN ポートを備えている。

　①　Aのみ正しい　　　　　②　Bのみ正しい
　③　AもBも正しい　　　　④　AもBも正しくない

(4)　IEEE802.3at Type1として標準化された PoE において，100BASE - TX のイーサネットで使用している LAN 配線の予備対(空き対)の 2 対 4 心を使って PoE 対応の IP 電話機に給電する方式は，(エ)　といわれる。

　①　オルタナティブ A　　　　②　オルタナティブ B　　　　③　ファントムモード

(5)　IEEE802.11n として標準化された無線 LAN は，IEEE802.11b/a/gとの後方互換性を確保しており，　(オ)　の周波数帯を用いた方式が定められている。

　①　2.4GHz 帯のみ　　　　②　2.4GHz 帯及び 5GHz 帯　　　　③　5GHz 帯のみ

150

問2 次の各文章の 　　 内に，それぞれの解答群の中から，最も適したものを選び，その番号を記せ。

(1) HDLC手順では，フレーム同期をとりながら (ア) するために，受信側において，開始フラグシーケンスを受信後に，5個連続したビットが1のとき，その直後のビットの0は無条件に除去される。

① データの透過性を確保　　② ビット誤りがあるフレームを破棄
③ 送受信のタイミングを確認

(2) デジタル信号を送受信するための伝送路符号化方式のうち (イ) 符号は，図に示すように，ビット値1のときはビットの中央で信号レベルを低レベルから高レベルへ，ビット値0のときはビットの中央で信号レベルを高レベルから低レベルへ反転させる符号である。

① NRZI　　② Manchester　　③ MLT－3

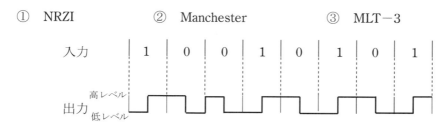

(3) 光アクセスネットワークの設備構成のうち，電気通信事業者のビルから配線された光ファイバの1心を光スプリッタを用いて分岐し，個々のユーザにドロップ光ファイバケーブルで配線する構成を採る方式は， (ウ) 方式といわれる。

① PDS　　② HFC　　③ ADS

(4) CATVセンタとユーザ宅間の映像配信用の伝送路を利用したインターネット接続サービスにおいて，ネットワークに接続するための機器としてユーザ宅内には，一般に， (エ) が設置される。

① ブリッジ　　② VDSLモデム　　③ ケーブルモデム

(5) OSI参照モデル(7階層モデル)の物理層について述べた次の記述のうち，正しいものは， (オ) である。

① どのようなフレームを構成して通信媒体上でのデータ伝送を実現するかなどを規定している。
② 端末が送受信する信号レベルなどの電気的条件，コネクタ形状などの機械的条件などを規定している。
③ 異なる通信媒体上にある端末どうしでも通信できるように，端末のアドレス付けや中継装置も含めた端末相互間の経路選択などの機能を規定している。

問3 次の各文章の 内に，それぞれの解答群の中から，最も適したものを選び，その番号を記せ。

(1) DNS サーバの脆弱性を利用し，偽りのドメイン管理情報に書き換えることにより，特定のドメインに到達できないようにしたり，悪意のあるサイトに誘導したりする攻撃手法は，一般に，DNS (ア) といわれる。

① キャッシュクリア
② キャッシュポイズニング
③ ラウンドロビン

(2) 外部ネットワーク（インターネット）と内部ネットワーク（イントラネット）の中間に位置する緩衝地帯は (イ) といわれ，インターネットからのアクセスを受ける Web サーバ，メールサーバなどは，一般に，ここに設置される。

① DMZ   ② SSL   ③ IDS

(3) ADSL 回線を利用してインターネットに接続されるパーソナルコンピュータなどの端末は，ADSL ルータなどの (ウ) サーバ機能が有効な場合は，起動時に， (ウ) サーバ機能にアクセスして IP アドレスを取得するため，端末個々に IP アドレスを設定しなくてもよい。

① SNMP   ② DHCP   ③ WEB

(4) スイッチングハブのフレーム転送方式におけるカットアンドスルー方式は，有効フレームの先頭から (エ) までを受信した後，フレームが入力ポートで完全に受信される前に，フレームの転送を開始する。

① 宛先アドレスの 6 バイト
② 64 バイト
③ FCS

(5) ネットワークインタフェースカード（NIC）に固有に割り当てられた物理アドレスは，一般に， (オ) アドレスといわれ，6 バイトで構成される。

① ネットワーク
② ホスト
③ MAC

技術科目　工事担任者試験　過去問題 5 (18' 5)

問 4　次の各文章の □□□ 内に，それぞれの解答群の中から，最も適したものを選び，その番号を記せ。

(1)　光ファイバの損失について述べた次の二つの記述は，□(ア)□。

A　レイリー散乱損失は，光ファイバ中の屈折率の揺らぎによって，光が散乱するために生ずる。

B　マイクロベンディングロスは，光ファイバケーブルの布設時に，光ファイバに過大な張力が加わったときに生ずる。

① 　Aのみ正しい　　　　② 　Bのみ正しい
③ 　AもBも正しい　　　④ 　AもBも正しくない

(2)　光ファイバ心線の融着接続部は，被覆が完全に除去されるため機械的強度が低下するので，融着接続部の補強方法として，一般に，□(イ)□により補強する方法が採用されている。

①　ケーブルジャケット
②　プランジャ
③　光ファイバ保護スリーブ

(3)　屋内線が家屋の壁などを貫通する箇所で絶縁を確保するためや，電灯線及びその他の支障物から屋内線を保護するためには，一般に，□(ウ)□が用いられる。

①　硬質ビニル管
②　PVC 電線防護カバー
③　ワイヤプロテクタ

(4)　フロアダクトは，鋼製ダクトをコンクリートの床スラブに埋設し，電源ケーブルや通信ケーブルを配線するために使用される。埋設されたフロアダクトには，□(エ)□種接地工事を施す必要がある。

①　B　　　　②　C　　　　③　D

(5)　LAN 配線の工事試験について述べた次の記述のうち，誤っているものは，□(オ)□である。

①　UTP ケーブルの配線試験において，ワイヤマップ試験では，断線やクロスペアなどの配線誤りを検出することができる。

②　UTP ケーブルの配線試験において，ワイヤマップ試験では，近端漏話減衰量や遠端漏話減衰量を測定することができる。

③　UTP ケーブルの配線に関する測定項目には，伝搬遅延時間の測定項目がある。

153

第3編

電気通信技術の法規

第3編　電気通信技術の法規

第1章　電気通信事業法

第1条　目　的

　この法律は，電気通信事業の公共性にかんがみ，その運営を**適正**かつ**合理的**なものとするとともに，その**公正な競争**を促進することにより，**電気通信役務の円滑な提供**を確保するとともにその**利用者の利益を保護**し，もって電気通信の**健全な発達**及び**国民の利便**の確保を図り，**公共の福祉**を増進することを目的とする。

第2条　定　義

この法律において，次の各号に掲げる**用語の意義**は，当該各号に定めるところによる。

　一　電気通信

　　有線，無線その他の**電磁的方式**により，**符号**，**音響**又は**影像**を送り，伝え，又は受けること。

　　⇒　情報伝達の手段として，**有線電気通信**，**無線電気通信**，**光通信**などの電磁波を利用するものと定義。
　　　　符号とは，相手が認識できる形，音，光などの組合せにより意志等を表現したもの。　例 データ通信

　二　電気通信設備

　　電気通信を行うための**機械**，**器具**，**線路**その他の**電気的設備**をいう。

　三　電気通信役務

　　電気通信設備を用いて他人の通信を媒介し，その他電気通信設備を**他人の通信の用に供する**ことをいう。　⇒ 各種の電気通信サービスをいう。

　　　　　　　　　　　　　- 電気通信役務に関する用語 -　　　　　　　施行規則 第2条 -

　　音声伝送役務

　　　おおむね**4kHz帯域の音声**その他の音響を**伝送交換**する機能を有する電気通信設備を他人の通信の用に供する電気通信役務であって**データ伝送役務以外のもの**をいう。

　　データ伝送役務

　　　専ら**符号又は影像を伝送交換**するための電気通信設備を他人の通信の用に供する電気通信役務をいう。

　　専用役務

　　　特定の者に電気通信設備を専用させる電気通信役務をいう。

　四　電気通信事業

　　電気通信役務を他人の需要に応ずるために**提供**する事業をいう。⇒ NTTなどの事業

　五　電気通信事業者

　　電気通信事業を営むことについて，**第9条の登録**を受けた者及び**第16条第1項の規定**による**届出**をした者をいう。

　　⇒　第9条には，総務大臣の登録を受ける必要のある大規模または広範囲での電気通信事業者について規定
　　　　第16条第1項では，それ以外の規模または範囲におさまる電気通信事業者についての届出について規定

　六　電気通信業務

　　電気通信事業者の行う**電気通信役務の提供**の業務をいう。

第1章　電気通信事業法

| 第3条 | 検閲の禁止 |

電気通信事業者の取扱中に係る通信は，検閲してはならない。

| 第4条 | 秘密の保護 |

電気通信事業者の取扱中に係る**通信の秘密**は，**侵してはならない**。

2　電気通信事業に従事する者は，在職中電気通信事業者の取扱中に係る通信に関して知り得た**他人の秘密を守らなければならない**。その職を退いた後においても同様とする。

利用の公平・重要通信の確保

| 第6条 | 利用の公平 |

電気通信事業者は，**電気通信役務**の提供について，不当な**差別的**取扱いをしてはならない。

| 第7条 | 基礎的電気通信役務の提供 |

基礎的電気通信役務を提供する電気通信事業者は，その適切，**公平**かつ**安定的な提供**に努めなければならない。

基礎的電気通信役務

文化的な生活に不可欠最低限の電気通信サービスで，ユニバーサルサービスとも呼ばれる。

アナログ一般電話サービス・公衆電話サービス・緊急通報サービスなど。

⇒ 国民生活に不可欠であるため，日本全国における**提供が確保**されるべきものとして総務省令で定める電気通信役務をいう。

| 第8条 | 重要通信の確保 |

電気通信事業者は，天災，事変その他の非常事態が発生し，又は発生するおそれがあるときは，**災害の予防**若しくは**救援**，**交通**，**通信**若しくは**電力の供給**の確保又は**秩序の維持**のために必要な事項を内容とする**通信を優先的**に取り扱わなければならない。

公共利益のため緊急に行うことを要するその他の通信であって総務省令で定めるものについても，同様とするとされている。

3　電気通信事業者は，重要通信の円滑な実施を他の電気通信事業者と相互に連携を図りつつ確保するため，他の電気通信事業者と電気通信設備を相互に接続する場合には，総務省令で定めるところにより**重要通信の優先的な取扱い**について取り決めること，その他の必要な措置を講じなければならない。

⇒ 電気通信事業には多くの事業者があるため，非常災害時に備え，重要通信を確保する必要があるため，あらかじめ必要な措置を講じておく。

157

第3編　電気通信技術の法規

事業の登録・届出・契約約款の届出等

第9条　　　　　　　　電気通信事業の登録

　電気通信事業を営もうとする者は，総務大臣の**登録**を受けなければならない。ただし，その者の設置する**電気通信回線設備**の規模及び当該電気通信回線設備を設置する区域の**範囲**が総務省令で定める基準を超えない場合は，総務大臣への**届出**（第16条）を行う。

電気通信回線設備

　送信の場所と受信の場所との間を接続する伝送路設備及びこれと一体として設置される**交換設備**並びにこれらの付属設備。

----------------- **登録を要しない電気通信事業** ----------------- 施行規則　第3条 -----

端末系伝送路設備

　端末設備又は電気通信事業者の設置する電気通信回線設備と接続される伝送路設備をいう。

中継系伝送路設備

　端末系伝送路設備以外の伝送路設備をいう。

第19条　　　　　基礎的電気通信役務の契約約款

　基礎的電気通信役務を提供する電気通信事業者は，その提供する基礎的電気通信役務に関する**料金**その他の**提供条件**（端末設備の接続に関する技術的条件に係る事項及び総務省令で定める事項を除く）について契約約款を定め，総務省令で定めるところにより，その実施前に，**総務大臣に届け出**なければならない。これを変更しようとするときも，同様とする。

第25条　　　　　　　　　提供義務

　基礎的電気通信役務を提供する電気通信事業者は，正当な理由がなければ，その業務区域における基礎的電気通信役務の提供を**拒んではならない**。

第29条　　　　　　　　業務の改善命令

　総務大臣は，通信の秘密の確保に支障があるときや，不当な差別的取扱いをいているとき，重要通信について適切な配慮がないとき，料金の算出方法や工事費用の負担の方法が適正かつ明確でないとき，提供条件が電気通信回線設備の使用の態様を不当に**制限**するものであるとき等の場合は，電気通信事業者に対し，利用者の利益又は**公共の利益**を確保するために業務の方法の改善その他の措置をとるべきことを命ずることができる。

第1章　電気通信事業法

電気通信設備の維持

第41条　　　　　電気通信設備の維持

　電気通信回線設備を設置する電気通信事業者は，その電気通信事業の用に供する電気通信設備（その損壊又は故障等による利用者の利益に及ぼす影響が軽微なものとして総務省令で定めるものを除く。）を総務省令で定める**技術基準に適合するように維持**しなければならない。

電気通信主任技術者資格者証等

第46条　　　　　電気通信主任技術者資格者証

　電気通信主任技術者資格者証の種類は，**伝送交換技術**及び**線路技術**について総務省令で定める。

2　電気通信主任技術者資格者証の交付を受けている者が監督することができる電気通信設備の工事，維持及び運用に関する事項の範囲は，前項の電気通信主任技術者資格者証の種類に応じて総務省令で定める。

3　総務大臣は，次の各号のいずれかに該当する者に対し，電気通信主任技術者資格者証を交付する。

　一　電気通信主任技術者試験に合格した者

　二　電気通信主任技術者資格者証の交付を受けようとする者の**養成課程**で，総務大臣が総務省令で定める基準に適合するものであることの認定をしたものを修了した者

　三　前2号に掲げる者と同等以上の知識及び技能を有すると総務大臣が認定した者

4　総務大臣は，前項の規定にかかわらず，次の各号のいずれかに該当する者に対しては，電気通信主任技術者資格者証の交付を行わないことができる。

　一　次条の規定により電気通信主任技術者資格者証の返納を命ぜられ，その日から1年を経過しない者

　二　この法律の規定により罰金以上の刑に処せられ，その執行を終わり，又はその執行を受けることがなくなった日から2年を経過しない者

5　電気通信主任技術者資格者証の交付に関する手続的事項は，総務省令で定める。

第47条　　　　電気通信主任技術者資格者証の返納

　総務大臣は，電気通信主任技術者資格者証を受けている者がこの法律又はこの法律に基づく命令の規定に違反したときは，その電気通信主任技術者資格者証の**返納**を命ずることができる。

端末設備の接続の技術基準等

第52条　端末設備の接続の技術基準

電気通信事業者は，利用者から**端末設備**をその**電気通信回線設備**に接続すべき旨の**請求**を受けたときは，その接続が総務省令で定める**技術基準**（省略）に**適合しない場合**その他総務省令で定める場合を除き，その**請求を拒むことができない**。

2　端末設備の接続の技術基準が定められるに当たって確保されるべき事項は，次のとおりである。
- 一　電気通信回線設備を**損傷**し，又はその機能に**障害**を与えないようにすること。
- 二　電気通信回線設備を利用する他の**利用者**に**迷惑**を及ぼさないようにすること。
- 三　電気通信事業者の設置する**電気通信回線設備**と利用者の接続する**端末設備**との**責任の分界**が明確であるようにすること。
  ⇒ **責任の分界**とは，NTTなどが設置する電話回線などと利用者が接続するモジュラーケーブルなど　電話装置などのうち，故障や異常が発生したときにどこからどこまでがどちらの責任かという境界をいう。通常，家庭の電話回線ではモジュラージャックが分界点になる。端末設備等規則第3条に具体例を規定。

端末設備
電気通信回線設備の一端に接続される電気通信設備であって同一の構内（これに準ずる区域内を含む。）又は同一の建物内にあるものをいう。

電気事業法施行規則31条

------ 利用者からの端末設備の接続請求を拒める場合 ------
利用者から，端末設備であって電波を使用するもの（別に告示で定めるものを除く）及び公衆電話機その他利用者による接続が著しく不適当なものの請求を受けた場合とする。

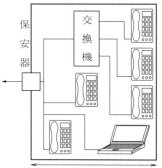

第53条　端末機器技術基準適合認定

登録認定機関は，その登録に係る技術基準適合認定を受けようとする者から求めがあった場合，総務省令で定めるところにより審査を行い，当該求めに係る**端末機器**（総務省令で定める種類の端末設備の機器をいう。）が端末設備の接続の技術基準に適合していると認めるときに限り，**技術基準適合認定**を行う。
⇒ 申請により，端末機器が技術基準に適合していることの認定を行う。
端末機器は，電話機，パソコン，ファクシミリ，モデムなどの機器そのものをいう。
利用者が端末機器を接続するとき，技術基準適合認定を受けた型式ものであれば，技術基準への適合が保証される。

2　技術基準適合認定をしたときは，総務省令で定めるところにより，その端末機器に技術基準適合認定をした旨の**表示**を付さなければならない。

第55条　表示が付されていないものとみなす場合

登録認定機関による**技術基準適合認定を受けた端末機器**であって電気通信事業法の規定により表示が付されているものが総務省令で定める**技術基準に適合していない場合**において，総務大臣が電気通信回線設備を利用する他の利用者**通信への妨害**の発生を防止するため特に必要があると認めるときは当該端末機器は，同法の規定による表示が付されていないものとみなす。

端末設備の接続の検査・自営電気通信設備

第69条　端末設備の接続の検査

利用者は，電気通信事業者の電気通信回線設備に端末設備を接続したときは，その使用を開始する前に当該電気通信事業者の**検査**を受けなければならない。ただし，技術基準適合認定を受けた旨の表示等が付されている端末機器（表示が付されていないとみなされたものを除く。）を接続する場合その他総務省令で定める場合は検査を受けずに使用することができる。

2　接続後に端末設備に**異常**がある場合その他電気通信役務の円滑な**提供**に支障がある場合において必要と認めるときは，電気通信回線設備を設置する電気通信事業者は，**利用者**に対して**検査**を受けるべきことを求めることができる。

3　これらの検査に従事する者は，その**身分を示す証明書**を関係人に提示しなければならない。

第70条　自営電気通信設備の接続

電気通信事業者は，電気通信回線設備を設置する電気通信事業者以外の者からその電気通信設備（端末設備以外のものに限る。以下「**自営電気通信設備**」という。）をその電気通信回線設備に接続すべき旨の請求をうけたときは，次に掲げる場合を除き，その請求を拒むことができない。

次の「一」及び「二」の場合は，請求を拒むことができる。

　一　その**自営電気通信設備**の接続が，総務省令で定める技術基準に適合しないとき。

　二　その自営電気通信設備の接続することにより当該電気通信事業者の電気通信回線設備の保持が経営上困難となることについて当該電気通信事業者が総務大臣の認可を受けたとき。

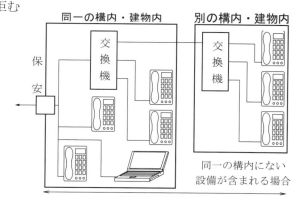

第3編　電気通信技術の法規

工事担任者

第71条　　　　　　　工事担任者による工事の実施及び監督

　利用者は，**端末設備又は自営電気通信設備を接続**するときは，工事担任者資格者証の交付を受けている者（「**工事担任者**」という。）に工事を行わせ，又は監督させなければならない。ただし，総務省令で定める場合は，この限りでない。

2　工事担任者は，その**工事の実施又は監督の職務を誠実**に行わなければならない。

第72条　　　　　　　　工事担任者資格者証

　工事担任者資格者証の種類及び工事担任者が行い，又は**監督することができる端末設備**若しくは**自営電気通信設備の接続に係る工事の範囲**は，総務省令で定める。

2　46条第3項から第5項まで及び第47条を工事担任者資格に読み替えた条文

　一　**交付を受けることができる者**

・工事担任者試験に**合格**した者

・総務大臣が**認定**した**養成課程を修了**した者

・総務大臣が**知識及び技能を有すると認定**した者

　二　**交付を受けられないことがある者**

・資格者証の**返納**を命ぜられ，**1年**を経過しない者

・電気通信事業法の規定により**罰金以上の刑**を処せられ，その執行が終ってから**2年**を経過しない者

　三　**返納**

　総務大臣は，工事担任者が電気通信事業法又は電気通信事業法に基づく命令の規定に違反したときは，その**工事担任者資格者証の返納**を命ずることができる。

資格者証の種類

電話 ISDN 種第1種　　　　電話 ISDN 種第2種　　　　電話 ISDN 種第3種

デジタルデータ種第1種　　　デジタルデータ種第2種　　　デジタルデータ種第3種

電話 ISDN・デジタルデータ総合種

第73条　　　　　　　　工事担任者試験

　工事担任者試験は，**端末設備及び自営電気通信設備の接続**に関して必要な**知識及び技能**について行う。

第2章　工事担任者規則

第4条　　　　　　　　　　資格者証の種類及び工事の範囲

工事担任者資格者証（以下「**資格者証**」という。）の種類及び工事担任者が行い，又は監督できる**工事の範囲**は次に掲げるとおりとする。

〔**AI 第1種**〕

アナログ伝送路設備（アナログ信号を入出力とする電気通信回線設備をいう。以下同じ。）に端末設備等を接続するための工事及び総合デジタル通信用設備に端末設備等を接続するための工事。

〔**AI 第2種**〕

アナログ伝送路設備に端末設備等を接続するための工事（端末設備等に収容される電気通信回線の数が 50 以下であって，内線の数が 200 以下のものに限る。）及び総合デジタル通信用設備に端末設備等を接続するための工事。（総合デジタル通信回線の数が 64kbit/s 換算で 50 以下のものに限る。）

〔**AI 第3種**〕

アナログ伝送路設備に端末設備を接続するための工事（端末設備に収容される電気通信回線の数が 1 のものに限る。）及び総合デジタル通信用設備に端末設備を接続するための工事。（総合デジタル通信回線の数が**基本インタフェース**で 1 のものに限る。）

⟹ 端末設備の接続工事はできるが，自営電気通信設備の接続は工事の範囲に含まれない。

〔**DD 第1種**〕

デジタル伝送路設備（デジタル信号を入出力とする電気通信回線設備をいう。以下同じ。）に端末設備等を接続するための工事。ただし，総合デジタル通信用設備に端末設備等を接続するための工事を除く。

〔**DD 第2種**〕

デジタル伝送路設備に端末設備等を接続するための工事。（接続点におけるデジタル信号の入出力速度が 100Mbit/s（主としてインターネットに接続するための回線にあっては **1Gbit/s**）以下のものに限る。）ただし，総合デジタル通信用設備に端末設備等を接続するための工事を除く。

〔**DD 第3種**〕

デジタル伝送路設備に端末設備等を接続するための工事。（**接続点**におけるデジタル信号の入出力速度が **1Gbit/s** 以下のものであって，**主としてインターネット接続のための回線**に限る。）
ただし，総合デジタル通信用設備に端末設備等を接続するための工事を除く。

〔**AI・DD 総合種**〕

アナログ伝送路設備又はデジタル伝送路設備に端末設備等を接続するための工事。

第3編　電気通信技術の法規

第40条　資格者証の再交付

　　工事担任者は，氏名に変更が生じたとき又は資格者証を**汚し**，**破り**，又は**失った**ために再交付の申請をしようとするときは，申請書に当該資格者証又は氏名及び生年月日を証明する書類を添えて，総務大臣に提出しなければならない。

　　一　資格者証（資格者証を失った場合を除く。）
　　二　写真一枚
　　三　氏名の変更の事実を証明する書類（氏名に変更を生じたときに限る。）

　2　総務大臣は，前項の申請があったときは，資格者証を再交付する。

第41条　資格者証の返納

　　電気通信事業法の規定に違反して資格者証の**返納を命ぜられた者**は，その処分を受けた日から**10日以内**にその資格者証を総務大臣に返納しなければならない。
　　資格者証の**再交付を受けた後**，**失った資格者証を発見したときも同様**。

第3章　端末機器の技術基準適合認定規則

第3条　　　　　　　　　　対象とする端末機器

技術基準適合認定の対象となる端末機器は，次のとおりとする。

　一　アナログ電話用設備又は移動電話用設備に接続される**電話機**，**構内交換設備**，**ボタン電話装置**，**変復調装置**，**ファクシミリ**その他総務大臣が別に告示する端末機器

　二　インターネットプロトコル電話用設備に接続される**電話機**，**構内交換設備**，**ボタン電話装置**，**符号変換装置**（インターネットプロトコルと音声信号を相互に符号変換する装置），**ファクシミリ**その他呼の**制御**を行う端末機器

　三　**インターネットプロトコル移動電話用設備**に接続される端末機器

　四　無線呼出用設備に接続される端末機器

　五　総合デジタル通信用設備に接続される端末機器

　六　専用通信回線設備又はデジタルデータ伝送用設備に接続される端末機器

一　アナログ電話用設備

　電話用設備であって，端末設備又は自営電気通信設備を接続する点においてアナログ信号を入出力するもの。

技術基準適合認定及び設計についての認証の対象となるその他端末機器

-- 総務省告示 **95号** --

（1）監視通知装置　　　　　　　　（2）画像蓄積処理装置

（3）音声蓄積装置　　　　　　　　（4）音声補助装置

（5）データ端末装置（（1）から（4）を除く）

（6）網制御装置　　　　　　　　　（7）信号受信表示装置

（8）集中処理装置　　　　　　　　（9）通信管理装置

⇒　技術基準適合認定の対象とならないものの例には，ドアホン，テレックス端末，端末設備試験装置，補聴器，レベル測定装置などがある。

移動電話用設備

　電話用設備であって，端末設備又は自営電気通信設備との接続において電波を使用するもの。

二　インターネットプロトコル電話用設備

　電話用設備であって，端末設備又は自営電気通信設備との接続にインターネットプロトコルを使用するもの。

第10条　　　　　　　　表　示

　技術基準適合認定を受けた端末機器は図1のマークと記号 A 及び**技術基準適合認定番号**を表示する。
　設計について認証を受けた機器は図1のマークと記号 T 及び**設計認証番号**を付加して表示する。

大きさは，直径5ミリメートル以上。
（体積が100cc以下の端末機にあっては，直径3ミリメートル以上）

技術基準適合認定番号等の最初の文字

端末機器の種類	記　号
(1) アナログ電話用設備又は移動電話用設備に接続される端末機器 　　（インターネットプロトコル移動電話用設備に接続される端末機器を除く）	A
(2) インターネットプロトコル電話用設備に接続される端末機器	E
(3) インターネットプロトコル移動電話用設備に接続される端末機器	F
(4) 無線呼出用設備に接続される端末機器	B
(5) 総合デジタル通信用設備に接続される端末機器	C
(6) 専用通信回線設備又はデジタルデータ伝送用設備に接続される端末機器	D

認証機関の識別文字例

認　証　機　関	識別文字
財団法人　電気通信端末機器審査協会	001

技術基準適合認定

　端末設備について1台ごとに異なる認定番号（ A 記号の右に認定番号）

例　　AEBCD　09　－　0100　　　001
　　　　　端末機器　西暦　　通し番号　　登録認証機関
　　　　　の種類　　　　　　　　　　　　識別文字

端末機器の設計認証

　同一設計・同一種類について同一の認証番号（ T 記号の右に認証番号）
　認証番号の付与は前例と同じ

第4章　有線電気通信法

第1条　　　　　　　　　　　目　的

　有線電気通信設備の**設置及び使用を規律**し，有線電気通信に関する**秩序**を確立することによって，**公共の福祉の増進**に寄与することを目的とする。

第2条　　　　　　　　　　用語の定義

　「**有線電気通信**」とは，送信の場所と受信の場所との間の線条その他の導体を利用して，**電磁的方式**により，**符号**，**音響**又は**影像**を送り，伝え，又は受けることをいう。

2　「**有線電気通信設備**」とは，有線電気通信を行うための**機械**，器具，線路その他の**電気的設備**（無線通信用の有線連絡線を含む。）をいう。

第3条　　　　　　　有線電気通信設備の届出

　有線電気通信設備を設置しようとする者は，次の事項を記載した書類を添えて，設置の工事の開始の日の**2週間前**まで（工事を要しないときは，設置の日から2週間以内）に，その旨を総務大臣に届け出なければならない。

一　有線電気通信の**方式の別**

二　設備の**設置の場所**

三　**設備の概要**

第5条　　　　　有線電気通信設備の技術基準

　政令で定める有線電気通信設備の技術基準は，次の事項が確保されるものとして定められなければならない。

一　他人の**設置**する有線電気通信設備に**妨害**を与えないようにすること。

二　**人体に危害**を及ぼし，又は**物件に損傷**を与えないようにすること

第3編　電気通信技術の法規

第6条　設備の検査等

　総務大臣は，この法律の施行に必要な限度において，有線電気通信設備を**設置した者**から
その設備に関する**報告**を徴し，又はその職員に，その事務所，営業所，工場若しくは事業場
に立ち入り，その設備若しくは帳簿書類を**検査**させることができる。

2　立入検査をする職員は，その身分を示す証明書を携帯し，関係人に提示しなければならな
い。

第7条　設備の改善等の措置

　総務大臣は，有線電気通信設備を設置した者に対し，その設備が第5条の技術基準に適合し
ないため**他人**の設置する**有線電気通信設備に妨害**を与え，又は**人体に危害**を及ぼし，若しく
は**物件に損傷**を与えると認めるときは，その妨害，危害又は損傷の防止又は除去のため必要
な限度において，**その設備の使用の停止**又は改造，修理その他の措置を命ずることができる。

第8条　非常事態における通信の確保

　総務大臣は，天災，事変その他の非常事態が発生し，又は発生するおそれがあるときは，
有線電気通信設備を設置した者に対し，災害の予防若しくは救援，交通，通信若しくは電力
の供給の確保若しくは**秩序の維持**のために必要な通信を行い，又はこれらの通信を行うため
その有線電気通信設備を他の者に使用させ，若しくはこれを他の有線電気通信設備に接続す
べきことを命ずることができる。

168

第5章　有線電気通信設備令

第1条 　　　　　　　　　　　　　定　義

一　電線

有線電気通信（送信の場所と受信の場所との間の線条その他の導体を利用して，**電磁的方式**により信号を行うことを含む。）を行うための**導体**（絶縁物又は保護物で被覆されている場合は，これらの物を含む。）であって，強電流電線に重畳される通信回線に係るもの以外のもの。

二　絶縁電線

絶縁物のみで**被覆**されている電線

⇒　導体の周りをポリ塩化ビニルやポリエチレンなどの絶縁物で覆った電線をいう。

三　ケーブル

光ファイバ並びに光ファイバ以外の**絶縁物及び保護物**で**被覆**されている電線。

四　強電流電線

強電流電気の伝送を行うための**導体**（絶縁物又は保護物で被覆されている場合は，これらの物を含む。）

⇒　送電のための電力線をいう。

五　強電流絶縁電線

絶縁物のみで**被覆**されている強電流電線

六　強電流ケーブル

絶縁物及び保護物で被覆されている強電流電線

七　線路

送信の場所と受信の場所との間に設置されている**電線**及びこれに係る**中継器**その他の**機器**（これらを**支持**し，又は**保蔵**するための**工作物**を含む。）

⇒　電線，電柱，支柱，支線等の支持物，保安器，中継器等

八　離隔距離

線路と他の物体（線路を含む。）とが**気象条件**による位置の変化により最も**接近**した場合におけるこれらの物の間の距離。

九　支持物

電柱，支線，つり線，その他，**電線**又は**強電流電線**を支持するための**工作物**。

⇒　・線路は強電流電線を含まないが，支持物は強電流電線を支持する工作物を含む。
　　・つり線とは，電柱と電柱の間の支える支持線を指し，一般的には，つり線とケーブルが一体構造となった自己支持型ケーブルが多く使われている。

第3編　電気通信技術の法規

　十　周波数

0	200Hz	3,500Hz
低周波	音声周波	高周波
200Hz 以下の電磁波	200Hz を超え3,500Hz 以下の電磁波	3,500Hz を超える電磁波

（低周波は設備令施行規則で定義されている。）

　十一　絶対レベル

　　　　一の**皮相電力**の**1ミリワット**に対する比を**デシベル**で表わしたもの。

　　⇒　・1ミリワットを基準に，何倍（何分の一）のレベルであるかをデシベルで表したもの。
　　　　・端末設備等規則第2条（21）と同じ。

　十二　平衡度

　　　　通信回線の中性点と大地との間に起電力を加えた場合におけるこれらの間に生ずる電圧と通信回線の端子間に生ずる電圧との比をデシベルで表わしたもの。

　　⇒　・通常，測定した結果，通信回線の端子間には何ボルトかの電圧が生じ，元の起電力の電圧が端子間の電圧の何倍のレベルであるかをデシベルで表したものをいう。値が大きいほど平衡度は高い。
　　　　・電圧が生じないことが理想的で，このとき，平衡度は無限大となる。

　十三　最大音量

　　　　通信回線に伝送される音響の電力を別に告示するところにより測定した値

　十四　電圧

		750V	7,000V
直流	低圧	高圧	特別高圧
交流	低圧	高圧	特別高圧

　　　　　　　　600V

第2条の2　　　使用可能な電線の種類

　　有線電気通信設備に使用する電線は，**絶縁電線**又は**ケーブル**でなければならない。

　⇒　原則として裸電線を使用しないことを規定している。ただし，絶縁電線やケーブルを使用することが困難な場合で，他人の設置する有線電気通信設備に妨害を与えない，人体に危害を加えない，など条件を満たす場合は使用できる。

第6章　不正アクセス行為の禁止等に関する法律

第1条　　　　　　　　　　不正アクセス禁止法の目的

> 不正アクセス行為を禁止するとともに，これについての罰則及びその**再発防止**のための都道府県公安委員会による援助措置等を定めることにより，電気通信回線を通じて行われる**電子計算機に係る犯罪**の防止及びアクセス制御機能により実現される電気通信に関する**秩序の維持**を図り，もって高度情報通信社会の健全な発展に寄与すること。

　不正アクセス行為の禁止等に関する法律は，アクセス権限のない者が，他人のID・パスワードを無断で使用したりセキュリティホールを攻撃することによって，ネットワークを介してコンピュータに不正にアクセスする行為を禁止する法律である。

第2条　　　　　　　　　　用語の定義

1　アクセス管理者

　電気通信回線に接続している電子計算機（以下「**特定電子計算機**」という。）の利用（当該電気通信回線を通じて行うものに限る。以下「**特定利用**」という。）につき当該**特定電子計算機の動作を管理する者**。

　　⇒　ネットワークに接続されたコンピュータの管理権限を持った管理者。

2　識別符号

　特定電子計算機の特定利用することについて当該特定利用に係るアクセス管理者の許諾を得たもの（以下「利用権者」という。）及び当該アクセス管理者（以下「利用権者等」という。）に，当該アクセス管理者において当該利用権者等を他の利用権者等と区別して識別することができるように付される符号であって，次のいずれかに該当するもの又は次のいずれかに該当する符号とその他の符号を組み合わせたもの。

　　一　当該アクセス管理者によってその内容をみだりに第三者に知らせてはならないものとされている符号

　　⇒　パスワードなどのように他人に知らせてはならない符合

　　二　当該利用権者等の身体の全部若しくは一部の影像又は音声を用いて当該アクセス管理者が定める方法により作成される符号

　　⇒　利用権者等身体的特徴（指紋，声紋，網膜など）を用いた符合

　　三　当該利用権者等の署名を用いて当該アクセス管理者が定める方法により作成される符号

　　⇒　利用権者等の自筆サインなどを用いた符合

第3編　電気通信技術の法規

3　アクセス制御機能

　特定電子計算機の特定利用を自動的に制御するために当該特定利用に係るアクセス管理者によって当該特定電子計算機又は当該特定電子計算機に電気通信回線を介して接続された他の特定電子計算機に付加されている機能であって，当該特定利用をしようとする者により当該機能を有する特定電子計算機に入力された符号が当該特定利用に係る**識別符号**(識別符号を用いて当該アクセス管理者の定める方法により作成される符号と当該識別符号の一部を組み合わせた符号を含む。)であることを確認して，当該特定利用の**制限**の全部又は一部を**解除**するもの。

4　不正アクセス行為

　一　アクセス制御機能を有する特定電子計算機に電気通信回線を通じて当該アクセス制御機能に係る**他人の識別符号を入力**して当該特定電子計算機を作動させ，当該アクセス制令機能により制限されている**特定利用**をし得る状態にさせる行為。（当該アクセス制御機能を付加したアクセス管理者がするもの及び当該アクセス管理者又は当該識別符号に係る利用権者の承諾を得てするものを除く。）

　　⇒　あるコンピュータに対して正規のアクセス権を持っていない人が，不正にコンピュータにアクセス利用しようとすること。

　二　アクセス制御機能を有する特定電子計算機に電気通信回線を通じて当該アクセス制御機能による特定利用の制限を免れることができる情報（識別符号であるものを除く。）又は指令を入力して当該特定電子計算機を作動させ，その制限されている特定利用をし得る状態にさせる行為。（当該アクセス制御機能を付加したアクセス管理者がするもの及び当該アクセス管理者の承諾を得てするものを除く。）

　三　電気通信回線を介して接続された他の特定電子計算機が有するアクセス制御機能によりその特定利用を制限されている特定電子計算機に電気通信回線を通じてその制限を免れることができる情報又は指令を入力して当該特定電子計算機を作動させ，その制限されている特定利用をし得る状態にさせる行為。（当該アクセス制御機能を付加したアクセス管理者がするもの及び当該アクセス管理者の承諾を得てするものを除く。）

第3条　不正アクセス行為の禁止

　何人も，不正アクセス行為をしてはならない。

第4条　他人の識別符号を不正に取得する行為の禁止

　何人も，不正アクセス行為（第2条第4項第一号に該当するもの（「用語の定義」の表内に示した「不正アクセス行為」の①）に限る。）の用に供する目的で，アクセス制御機能に係る他人の識別符号を取得してはならない。

第6章　不正アクセス行為の禁止等に関する法律

第5条　不正アクセス行為を助長する行為の禁止

何人も，業務その他正当な理由による場合を除いてはアクセス制御機能に係る他人の識別符号を，当該アクセス制御機能に係るアクセス管理者及び当該識別符号に係る利用権者以外の者に提供してはならない。

第6条　他人の識別符号を不正に保管する行為の禁止

何人も，不正アクセス行為の用に供する目的で，不正に取得されたアクセス制御機能に係る他人の識別符号を保管してはならない。

第7条　識別符号の入力を不正に要求する行為の禁止

何人も，アクセス制御機能を特定電子計算機に付加したアクセス管理者になりすまし，その他当該アクセス管理者であると誤認させて，次に掲げる行為をしてはならない。

ただし当該アクセス管理者の承諾を得てする場合は，この限りではない。

一　　当該アクセス管理者が当該アクセス制御機能に係る識別符号を付された利用権者に対し当該識別符号を特定電子計算機に入力することを求める旨の情報を電気通信回線に接続して行う自動公衆送信（公衆によって直接受信されることを目的として公衆からの求めに応じ自動的に送信を行うことをいい，放送又は有線放送に該当するものを除く。）を利用して公衆が閲覧することができる状態に置く行為。

二　　当該アクセス管理者が当該アクセス制御機能に係る識別符号を付された利用権者に対し当該識別符号を特定電子計算機に入力することを求める旨の情報を電子メール（特定電子メールの送信の適正化等に関する法律第2条第一号に規定する電子メールをいう。）により当該利用権者に送信する行為。

第8条　アクセス管理者による防御措置

アクセス制御機能を特定電子計算機に付加したアクセス管理者は当該アクセス制御機能に係る識別符号又はこれを当該アクセス制御機能により確認するために用いる符号の適正な管理に努めるとともに，常に当該アクセス制御機能の有効性を**検証**し，必要があると認めるときは速やかにその機能の高度化その他当該特定電子計算機を不正アクセス行為から防御するため必要な措置を講ずるよう努めるものとする。

第3編　電気通信技術の法規

第7章　端末設備等規則 I

第2条　　　　　　　　　　　定　義

この規則において使用する用語は，法において使用する用語の例による。

2　この規則の規定の解釈については，次の定義に従うものとする。

一　「**電話用設備**」とは，電気通信事業の用に供する電気通信回線設備であって，主として**音声の伝送交換**を目的とする電気通信役務の用に供するものをいう。

二　「**アナログ電話用設備**」とは，**電話用設備**であって，**端末設備又は自営電気通信設備**を接続する点において**アナログ信号**を入出力とするものをいう。

三　「**アナログ電話端末**」とは，**端末設備**であって，**アナログ電話用設備**に接続される点において**2線式**の接続形式で接続されるものをいう。

四　「**移動電話用設備**」とは，**電話用設備**であって，端末設備又は**自営電気通信設備**との接続において電波を使用するものをいう。

五　「**移動電話端末**」とは，**端末設備**であって，移動電話用設備に接続されるものをいう。

六　「**インターネットプロトコル電話用設備**」とは，電話用設備（電気通信番号規則に規定する電気通信番号を用いて提供する音声伝送役務の用に供するものに限る。）であって，端末設備又は自営電気通信設備との接続にインターネットプロトコルを使用するものをいう。

七　「**インターネットプロトコル電話端末**」とは，端末設備であって，インターネットプロトコル電話用設備に接続されるものをいう。

八　「**インターネットプロトコル移動電話用設備**」とは，移動電話用設備（電気通信番号規則第9条第1項第三号に規定する電気通信番号を用いて提供する音声伝送役務の用に供するものに限る。）であって，端末設備又は自営電気通信設備との接続においてインターネットプロトコルを使用するものをいう。

九　「**インターネットプロトコル移動電話端末**」とは，端末設備であって，インターネットプロトコル移動電話用設備に接続されるものをいう。

十　「**無線呼出用設備**」とは，電気通信事業の用に供する電気通信回線設備であって，無線によって**利用者に対する呼出し**（これに付随する通報を含む。）を行うことを目的とする電気通信役務の用に供するものをいう。

十一　「**無線呼出端末**」とは，端末設備であって，無線呼出用設備に接続されるものをいう。

十二　「総合デジタル通信用設備」とは，電気通信事業の用に供する電気通信回線設備であって，主として**64キロビット毎秒**を単位とするデジタル信号の伝送速度により，**符号，音声**その他の音響又は**影像**を統合して伝送交換することを目的とする電気通信役務の用に供するものをいう。

十三　「**総合デジタル通信端末**」とは，端末設備であって，**総合デジタル通信用設備に接続**されるものをいう。

十四　「**専用通信回線設備**」とは，電気通信事業の用に供する電気通信回線設備であって，**特定の利用者**に当該設備を専用させる電気通信役務の用に供するものをいう。

十五　「**デジタルデータ伝送用設備**」とは，電気通信事業の用に供する電気通信回線設備であって，デジタル方式により，専ら**符号又は影像の伝送交換**を目的とする電気通信役務の用に供するものをいう。

十六　「**専用通信回線設備等端末**」とは，端末設備であって，専用通信回線設備又はデジタルデータ伝送用設備に接続されるものをいう。

十七　「**発信**」とは，通信を行う**相手を呼び出すための動作**をいう。

十八　「**応答**」とは，**電気通信回線からの呼出しに応ずるための動作**をいう。

十九　「**選択信号**」とは，主として相手の端末設備を**指定**するために使用する信号をいう。

二十　「**直流回路**」とは，端末設備又は自営電気通信設備を接続する点において**2線式**の接続形式を有する**アナログ電話用設備**に接続して電気通信事業者の**交換設備**の動作の**開始**及び**終了**の制御を行うための回路をいう。

二十一　「**絶対レベル**」とは，一の皮相電力の **1mW に対する比**をデシベルで表したものをいう。

二十二　「**通話チャンネル**」とは，移動電話用設備と移動電話端末，又はインターネットプロトコル移動電話端末の間に設定され，主として**音声の伝送**に使用する通信路をいう。

二十三　「**制御チャンネル**」とは，移動電話用設備と移動電話端末，又はインターネットプロトコル移動電話端末の間に設定され，主として**制御信号の伝送**に使用する通信路をいう。

二十四　「**呼設定用メッセージ**」とは，呼設定メッセージ，応答メッセージ，その他呼の設定を行うため又はこれに対応するためのメッセージをいう。

二十五　「**呼切断用メッセージ**」とは，切断メッセージ，解放メッセージ，解放完了メッセージ，その他呼の切断，解放若しくは取消しを行うため又はこれに対応するためのメッセージをいう。

⇒　総合デジタル通信用設備と総合デジタル通信端末との間の通信路を切断又は解放するためのメッセージをいう。

責任の分界等

第3条　責任の分界

利用者の接続する端末設備は，事業用電気通信設備との責任の分界を明確にするため，事業用電気通信設備との間に分界点を有しなければならない。

2　分界点における接続の方式は，端末設備を電気通信回線ごとに事業用電気通信設備から容易に切り離せるものでなければならない。

「電気通信回線ごとに切り離せる」とは，
　端末設備に収容されている電気通信回線を一括して切り離すのではなく1回線ずつ別々に切り離せるものをいう。
　なお，容易に切り離せる方式としては，電話機のプラグジャック方式が一般的である。
　また，保安装置，ローゼット，プラグジャック等が分界点となる。

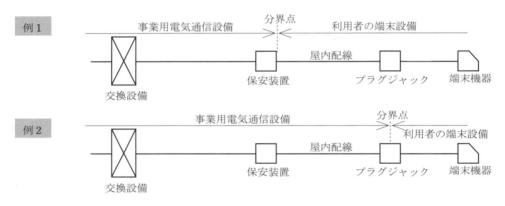

第4条　漏えいする通信の識別禁止

端末設備は，事業用電気通信設備から漏えいする通信の内容を意図的に識別する機能を有してはならない。

第5条　鳴音の発生防止

端末設備は，事業用電気通信設備との間で鳴音（電気的又は音響的結合により生ずる発振状態をいう。）を発生することを防止するために，総務大臣が別に告示する条件を満たすものでなければならない。

鳴　音（ハウリング）
　端末設備に入力した信号が電気的に反射したり，端末設備のスピーカから出た音響が再びマイクに入力されると，相手の端末設備との間で正帰還ループが形成され発振状態となり鳴音が発生する。

絶縁抵抗・配線設備等

第6条　絶縁抵抗等

端末設備の機器は，その電源回路と**筐体**及びその電源回路と**事業用電気通信設備**との間に次の**絶縁抵抗**及び**絶縁耐力**を有しなければならない。

一　**絶縁抵抗**は，使用電圧が **300V 以下**の場合にあっては，**0.2MΩ** 以上であり，**300V** を超え **750V 以下の直流**及び **300V** を超え **600V 以下の交流**の場合にあっては，**0.4MΩ** 以上であること。

二　**絶縁耐力**は，使用電圧が **750V を超える直流**及び **600V を超える交流**の場合にあっては，その使用電圧の **1.5 倍**の電圧を**連続**して **10 分間**加えたときこれに耐えること。

2　端末設備の機器の**金属製の台及び筐体**は，**接地抵抗**が **100Ω 以下**となるように接地しなければならない。ただし，**安全な場所に危険のないように**設置する場合にあっては，この限りでない。

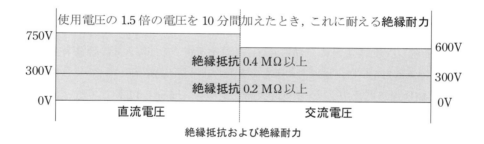

絶縁抵抗および絶縁耐力

人体や事業用電気通信設備を過大な電流の危険性から防護するための，絶縁抵抗についての規定である。

一　端末設備の電源回路からの漏れ電流による**人身感電事故の防止**

二　事業用電気通信設備に対して，高電圧，高電流の印加による電気通信設備の**損傷防止**及び作業にあたる者の**感電事故の防止**

2　「安全な場所に危険のないように」とは主に次のような場合をいう。

・300V 以下の直流電圧又は 150V 以下の交流電圧で使用する端末設備の機器を乾燥した場所に設置する場合

・750V 以下の直流電圧又は 600V 以下の交流電圧で使用する端末設備の機器を絶縁性の床等の上に設置する場合

・端末設備の機器を人が触れることのないような方法で設置する場合

第3編　電気通信技術の法規

第7条　過大音響衝撃の発生防止

通話機能を有する端末設備は，通話中に受話器から過大な音響衝撃が発生することを防止する機能を備えなければならない。

線路に雷の誘導などで過大な雑音が発生したときなどに，通話者の聴覚に障害を与えないように規定されている。具体的には電磁型受話器ではバリスタを用いて過大信号をバイパスさせ，圧電型受話器では飽和特性を利用して音響衝撃が発生しないようにしている。

第8条　配線設備等

利用者が端末設備を事業用電気通信設備に接続する際に使用する線路及び保安器その他の機器（以下「配線設備等」という。）は，次の各号により設置されなければならない。

一　配線設備等の**評価雑音電力**（通信回線が受ける妨害であって**人間の聴覚率を考慮して定められる実効的雑音電力をいい，誘導によるものを含む。**）は，絶対レベルで表した値で**定常時**において**−64dB 以下**であり，かつ，**最大時**において**−58dB 以下**であること。

⟹　配線設備等における雑音の発生防止を規定したもの

二　配線設備等の**電線相互間及び電線と大地間の絶縁抵抗**は，直流 **200V 以上**の一の電圧で測定した値で **1MΩ 以上**であること。

⟹　配線設備等の電線相互間及び電線と大地間の絶縁抵抗が不十分であると，交換機が誤作動を起こしたり，無駄な電力を消費することがあるために規定されている。

三　配線設備等と強電流電線との関係については有線電気通信設備令（昭和28年政令第 131号）第11条から第15条まで及び第18条に適合するものであること。

四　**事業用電気通信設備を損傷し，又はその機能に障害を与えない**ようにするため，総務大臣が別に告示するところにより配線設備等の**設置の方法を定める**場合にあっては，その方法によるものであること。

評価雑音電力

人間の聴力は 600Hz から 2,000Hz までは感度がよく，これ以外の周波数では感度が悪化する特性を有している。雑音電力をこの聴覚の周波数特性により重みづけして評価したものが**評価雑音電力**である。

電波を使用する端末機器

第9条　　端末設備内において電波を使用する端末設備

端末設備を構成する一の部分と他の部分相互間において**電波**を使用する端末設備は，次の各号の条件に適合するものでなければならない。

一　**総務大臣が別に告示する条件に適合する識別符号**（端末設備に使用される無線設備を識別するための符号であって，通信路の設定に当たってその**照合**が行われるものをいう。）を有すること。

　⇒ コードレス電話・無線 LAN においては，誤接続や誤課金を防ぐために，親機と子機の識別に ID コード（**識別符号**）を有することが規定されている。

二　使用する**電波の周波数**が**空き状態**であるかどうかについて，総務大臣が別に告示するところにより判定を行い，空き状態である場合にのみ**通信路を設定**するものであること。ただし，総務大臣が別に告示するものについては，この限りでない。

　⇒ コードレス電話・無線 LAN においては，通話を開始するためには空きチャンネルを探す必要がある。ただし，火災等の非常通報などにおいては空き状態の判定を必要としない。

三　使用される無線設備は，**一の筐体**に収められており，かつ，**容易に開ける**ことができないこと。ただし，総務大臣が別に告示するものについては，この限りでない。

　⇒ コードレス電話等を，利用者がむやみに出力を上げたりする改造をできないようにする規定である。

第8章　端末設備等規則Ⅱ

基本的機能・発信の機能

第10条　基本的機能

アナログ電話端末の**直流回路**は，発信又は応答を行うとき**閉じ**，通信が**終了**したとき**開く**ものでなければならない。

第11条　発信の機能

アナログ電話端末は，発信に関する次の機能を備えなければならない。

一　自動的に選択信号を送出する場合にあっては，直流回路を閉じてから**3秒以上経過後**に**選択信号**の**送出**を**開始**するものであること。ただし，電気通信回線からの発信音又はこれに相当する可聴音を確認した後に選択信号を送出する場合にあっては，この限りでない。
　⇒　交換設備が誤接続等の誤動作を起こさないための準備時間と考えてよい。

二　発信に際して相手の端末設備からの応答を自動的に確認する場合にあっては，電気通信回線からの**応答**が**確認できない**場合選択信号送出終了後**2分以内**に**直流回路**を**開く**ものであること。
　⇒　発信した相手が応答しないのにいつまでも呼び続けると，自己のみならず，相手方にも迷惑がかかる。

三　**自動再発信**（応答のない相手に対し引き続いて繰り返し自動的に行う発信をいう。以下同じ。）を行う場合（自動再発信の回数が**15回以内**の場合を除く。）にあっては，その回数は最初の発信から**3分間**に**2回以内**であること。この場合において，最初の発信から**3分**を超えて行われる発信は，**別の発信**とみなす。
　⇒　再発信の回数が2回なので，最初の発信を含めて3分間に3回以内となる。むやみに自動再発信で自己のみならず，相手方にも迷惑がかからないようにしている。

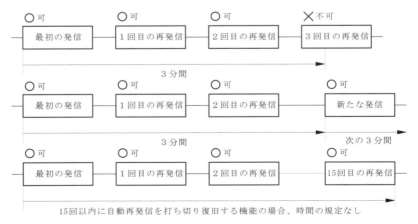

四　前号の規定は，火災，盗難その他の**非常**の場合にあっては，**適用しない**。
　⇒　緊急時の例外規定である。

第8章　端末設備等規則Ⅱ

選択信号の条件

第12条　　　　　　　　　　選択信号の条件

アナログ電話端末の選択信号は，次の条件に適合するものでなければならない。

一　**ダイヤルパルス**にあっては，別表第1号の条件

別表第1号

第1　ダイヤルパルス数

ダイヤル番号とダイヤルパルス数は同一であること。ただし，「0」は10パルスとする。

第2　ダイヤルパルスの信号

ダイヤルパルスの種類	ダイヤルパルス速度	ダイヤルパルスメーク率	ミニマムポーズ
10パルス毎秒方式	10±1.0パルス毎秒以内	30%以上 40%以下	600ms 以上
20パルス毎秒方式	20±1.6パルス毎秒以内	30%以上 36%以下	450ms 以上

注　1　**ダイヤルパルス速度**とは，1秒間に断続するパルス数をいう。

　　2　**ダイヤルパルスメーク率**とは，ダイヤルパルスの接（メーク）と断（ブレーク）の時間の割合をいい，次式で定義するものとする。

ダイヤルパルスメーク率＝{接時間÷（接時間＋断時間）}×100%

　　3　**ミニマムポーズ**とは，隣接するパルス列間の**休止時間**の**最小値**をいう。

二　**押しボタンダイヤル信号**にあっては，別表第2号の条件

別表第2号

第1　ダイヤル番号の周波数

押しボタンダイヤル番号	周波数
1	697 Hz 及び 1,209 Hz
2	697 Hz 及び 1,336 Hz
3	697 Hz 及び 1,477 Hz
4	770 Hz 及び 1,209 Hz
5	770 Hz 及び 1,336 Hz
6	770 Hz 及び 1,477 Hz
7	852 Hz 及び 1,209 Hz
8	852 Hz 及び 1,336 Hz
9	852 Hz 及び 1,477 Hz
0	941 Hz 及び 1,336 Hz
*	941 Hz 及び 1,209 Hz
#	941 Hz 及び 1,477 Hz
A	697 Hz 及び 1,633 Hz
B	770 Hz 及び 1,633 Hz
C	852 Hz 及び 1,633 Hz
D	941 Hz 及び 1,633 Hz

⇒

	高群周波数（Hz 帯）			
	1,209	1,306	1,477	1,633
697	1	2	3	A
770	4	5	6	B
852	7	8	9	C
941	*	0	#	D

低群周波数（Hz 帯）

押しボタンダイヤル信号は，**低群周波数一つ**と**高群周波数一つ**で構成されている。

低群周波数は **600Hz～1,000Hz** の間で規定
高群周波数は，**1,200Hz～1,700Hz** の間で規定

第2 その他の条件

項　目	条　件		
信号周波数偏差	信号周波数の±1.5％以内		
信号送出電力の許容範囲	低群周波数	図1に示す	
^	高群周波数	図2に示す	
^	二周波電力差	5dB以内，かつ，低群周波数の電力が高群周波数の電力を超えないこと	
信号送出時間	50ms以上		
ミニマムポーズ	30ms以上		
周　期	120ms以上		

注1　ミニマムポーズとは，隣接する信号間の休止時間の最小値をいう。

⇒ 例えば，ダイヤル「4」のダイヤルパルス数は4回となる。同様に，ダイヤル「2」は2回，ダイヤル「1」は1回。ただし，ダイヤル「0」のときは0回とはならず10回と規定している。

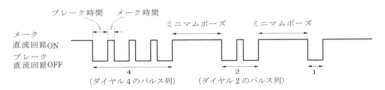

2　周期とは，信号送出時間とミニマムポーズの和をいう。

⇒ 信号送出時間，ポーズ，周期のそれぞれについて規定を満たす必要がある。したがって，右図の周期（50ms＋30ms＝80ms）のように周期の規定を満たすとは限らない。

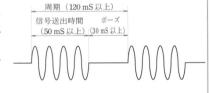

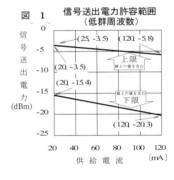

注1　供給電流が20mA未満の場合の信号送出電力は，
　　　-15.4dBm以上，-3.5dBm以下であること。
　　　供給電流が120mAを超える場合の信号送出電力は，
　　　-20.3dBm以上-5.8dBm以下であること。
2　dBmは，絶対レベルを表す単位とする。

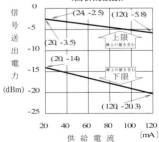

注1　供給電流が20mA未満の場合の信号送出電力は，
　　　-14dBm以上，-2.5dBm以下であること。
　　　供給電流が120mAを超える場合の信号送出電力は，
　　　-20.3dBm以上-5.7dBm以下であること。
2　dBmは，絶対レベルを表す単位とする。

第8章　端末設備等規則II

端末設備等規則

第12条の2　　　　　　　　　　　緊急通報機能

　アナログ電話端末であって，通話の用に供するものは，電気通信番号規則第11条各号に規定する電気通信番号を用いた**警察機関，海上保安機関又は消防機関への通報**(以下「緊急通報」という。)を発信する機能を備えなければならない。

⇒　アナログ電話端末の他，移 動 電 話 端 末，インターネットプロトコル電話端末，インターネットプロトコル移動電話端末，総合デジタル通信端末についても，通話の用に供するものであれば緊急通報を発信する機能を備えることが義務づけられている。

直流回路の電気的条件等

第13条　　　　　　　　　　　直流回路の電気的条件等

　直流回路を**閉じているとき**のアナログ電話端末の直流回路の電気的条件は，次のとおりでなければならない。

　一　直流回路の直流抵抗値は，**20mA 以上 120mA 以下**の電流で測定した値で**50Ω以上 300Ω以下**であること。ただし，**直流回路の直流抵抗値と電気通信事業者の交換設備からアナログ電話端末までの線路の直流抵抗値の和が50Ω以上1,700Ω以下の場合にあっては，**この限りでない。

　　⇒　20mA 以上 120mA 以下や 50Ω以上 300Ω以下というように幅を持たせているのは，本来必要な電流値に対して，電話機や線路の実際の状況を考慮した規定である。50Ω以上 1,700Ω以下についても実態に応じてアナログ電話端末に対する規定を緩くしたもので，端末自体の直流回路の直流抵抗値が 300Ωを超える場合でも，線路抵抗値との和が 1,700Ω以下であれば，許容できるとしている。

　二　ダイヤルパルスによる選択信号送出時における直流回路の**静電容量**は，**3μF 以下**であること。

　　⇒　ダイヤルパルスによる選択信号を送出した場合，直流回路の静電容量が選択信号の波形に歪みを生じて，交換設備の動作に悪影響を与えることを防止するための規定である。

2　直流回路を**開いているとき**のアナログ電話端末の直流回路の電気的条件は，次のとおりでなければならない。

　一　直流回路の直流抵抗値は，**1MΩ以上**であること。

　　⇒　直流回路が開き，交換設備が復旧する条件である。

　二　直流回路と大地の間の**絶縁抵抗**は，**直流 200V 以上**の一の電圧で測定した値で**1MΩ以上**であること。

　　⇒　交換設備の切断時における安定動作を図るためと，線路での電力消費量を制限するための値について定めたものである。

　三　呼出信号受信時における直流回路の**静電容量**は，**3μF以下**であり，**インピーダンス**は，**75V，16Hz の交流**に対して**2kΩ以上**であること。

　　⇒　75V，16Hz は，交換設備からの呼び出し信号で，静電容量のときと同様にインピーダンスにおいても信号のひずみが生じないようにしている。

183

第3編　電気通信技術の法規

3　アナログ電話端末は，電気通信回線に対して**直流**の電圧を加えるものであってはならない。

⇨　電気通信回線に対して他から直流の電圧を加えると，電気通信回線設備の動作に支障や損傷を生ずるおそれがあるため，電気通信回線に対して直流電圧を加えることを規制する。

送出電力・漏話減衰量等

第14条　　　　　　　　　　送出電力

アナログ電話端末の送出電力の許容範囲は，**通話の用に供する場合を除き**，別表第 3 号のとおりとする。

⇨　パソコン通信用のモデム信号などを示すもので，不必要な電力で漏話を生じさせ他人の通信を妨害したり，回線を損傷させたりしないようにしている。

別表第 3 号　アナログ電話端末の送出電力の許容範囲

4kHz までの送出電力		**−8dBm**（平均レベル）以下で，かつ **0dBm**（最大レベル）を超えないこと
不要送出レベル	4kHz から 8kHz まで	−20dBm 以下
	8kHz から 12kHz まで	−40dBm 以下
	12kHz 以上の各 4kHz 帯域	−60dBm 以下

注 1　平均レベルとは，端末設備の使用状態における平均的レベル（実効値）であり，最大レベルとは，端末設備の送出レベルが最も高くなる状態でのレベル（実効値）とする。

　 2　送出電力及び不要送出レベルは，平衡 600 Ω のインピーダンスを接続して測定した値を絶対レベルで表した値とする

　 3　dBm は，絶対レベルを表す単位とする。

⇨　送出電力

絶対レベルでの最大値と平均値で 4kHz ごとに許容範囲を定めている。
4kHz ごとに 1 回線を配置。

不要送出レベル

4kHz 以上の高調波の帯域で，本来必要でない高調波成分の送出電力をいう。

端末設備からの送出電力の値が許容範囲を超えると，電気通信回線設備に損傷を与えたり，他の電気通信回線への漏話を生じたりするおそれがあるため，これらの防止のための規定である。

第15条　　　　　　　　　　漏話減衰量

複数の電気通信回線と接続されるアナログ電話端末の回線相互間の漏話減衰量は，**1,500Hz** において **70dB 以上**でなければならない。

複数の電気通信回線に接続されるアナログ電話端末の回線相互間において，漏話を生じた場合，他の利用者の電気通信回線に妨害を与えることを防止するための規定である。

第8章　端末設備等規則 II

移動電話端末等

第17条　　　　　　　　　　　　基本的機能

> 移動電話端末は，次の機能を備えなければならない。
>
> 一　発信を行う場合にあっては，**発信を要求する信号**を送出するものであること。
>
> 二　応答を行う場合にあっては，**応答を確認する信号**を送出するものであること。
>
> 三　通話を終了する場合にあっては，**チャンネル**（通話チャンネル及び制御チャンネルをいう。）を**切断**する信号を送出するものであること。

移動電話端末
　　携帯電話，自動車電話等のように接続に無線を使用する端末。

第18条　　　　　　　　　　　　発信の機能

> 移動電話端末は，発信に関する次の機能を備えなければならない。
>
> 一　発信に際して相手の端末設備からの応答を自動的に確認する場合にあっては，電気通信回線から応答が確認できない場合，**選択信号送出終了後 1分以内にチャンネルを切断**する信号を送出し，送信を停止するものであること。
>
> 　⇒　選択信号送出終了後1分以内にチャンネルを切断し，電波（ネットワーク）の無効保留を防止することについて定めている。
>
> 二　**自動再発信**を行う場合にあっては，その**回数**は **2回以内**であること。ただし，最初の発信から **3分**を超えた場合にあっては，別の発信とみなす。
>
> 三　前号の規定は，火災，盗難その他の非常の場合にあっては，適用しない。

第19条　　　　　　　　　　　　送信タイミング

> 　移動電話端末は，総務大臣が別に告示する条件に適合する**送信タイミング**で送信する機能を備えなければならない。

　複数の移動電話端末からの発信がある場合，適正な送信タイミングで送信しないと，制御チャンネルの通信が衝突し，他の移動電話端末からの発信を妨げて接続に混乱を生ずるので，送信タイミングを定めている。

第20条　　　　　　　　　　　ランダムアクセス制御

> 　移動電話端末は，総務大臣が別に告示する条件に適合する**ランダムアクセス制御**を行う機能を備えなければならない。

　複数の移動電話端末からの送信が衝突した場合，基地局において，信号を受信できない状態が生ずることになるので，再び送信が衝突することを避けるために各移動電話端末がそれぞれ不規則な遅延時間の後に再び送信することをいう。

第3編　電気通信技術の法規

インターネットプロトコル電話端末

第32条の2　　　　　　　　　基本的機能

インターネットプロトコル電話端末は，次の機能を備えなければならない。

一　**発信又は応答**を行う場合にあっては，呼の設定を行うためのメッセージ又は当該メッセージに対応するためのメッセージを送出するものであること。

二　**通信を終了**する場合にあっては，呼の切断，解放若しくは取消しを行うためのメッセージ又は当該メッセージに対応するためのメッセージ（次条において「通信終了メッセージ」という。）を送出するものであること。

第32条の3　　　　　　　　　発信の機能

インターネットプロトコル電話端末は，発信に関する次の機能を備えなければならない。

一　発信に際して相手の端末設備からの応答を自動的に確認する場合にあっては，電気通信回線からの応答が確認できない場合，呼の設定を行うためのメッセージ送出終了後 **2分以内に通信終了メッセージ**を送出するものであること。

二　**自動再発信**を行う場合（自動再発信の回数が **15 回以内**の場合を除く。）にあっては，その回数は最初の発信から **3 分間に 2 回以内**であること。この場合において，最初の発信から **3 分を超えて**行われる発信は，**別の発信**とみなす。

三　前号の規定は，火災，盗難その他の非常の場合にあっては，適用しない。

第32条の7　　　　　　　　　電気的条件等

インターネットプロトコル電話端末は，総務大臣が別に告示する**電気的条件**および**光学的条件**のいずれかの条件に適合するものでなければならない。

2　インターネットプロトコル電話端末は，電気通信回線に対して直流の電圧を加えるものであってはならない。ただし，前項に規定する総務大臣が別に告示する条件において直流重畳が認められる場合にあっては，この限りない。

第8章　端末設備等規則 II

インターネットプロトコル移動電話端末

第32条の10　　インターネットプロトコル移動電話端末の基本的機能

インターネットプロトコル移動電話端末は，次の機能を備えなければならない。

一　**発信を行う場合**にあっては，発信を要求する信号を送出するものであること。

二　**応答を行う場合**，応答を確認する信号を送出するものであること。

三　**通信を終了する場合**，チャネルを切断する信号を送出するものであること。

四　**発信又は応答を行う場合**，呼の設定を行うためのメッセージ又は当該メッセージに対応するためのメッセージを送出するものであること。

五　**通信を終了する場合**，通信終了メッセージを送出するものであること。

第32条の11　　インターネットプロトコル移動電話端末の発信の機能

一　**相手の応答を自動的に確認**する場合は，電気通信回線からの応答が確認できない場合呼の設定を行うためのメッセージ送出終了後 **128秒以内**に**通信終了メッセージ**を送出するものであること。

二　**自動再発信**を行う場合は，その回数は3回以内とする。ただし最初の発信から3分を超えた場合や，火災，盗難その他の非常の場合を除く。

第 32 条の 12　　インターネットプロトコル移動電話端末の送信タイミング

インターネットプロトコル移動電話端末は，総務大臣が別に告示する条件に適合する送信タイミングで送信する機能を備えなければならないとされている。したがって文章は正しい。

187

第3編　電気通信技術の法規

専用通信回線設備等端末

第34条の8　　　　　　　　電気的条件等

　専用通信回線設備等端末は，総務大臣が別に告示する**電気的条件**及び**光学的条件**のいずれかの条件に適合するものでなければならない。

2　専用通信回線設備等端末は，電気通信回線に対して**直流の電圧**を加えるものであってはならない。ただし，前項に規定する総務大臣が別に告示する条件において直流重畳が認められる場合にあっては，この限りでない。

第34条の9　　　　　　　　漏話減衰量

　複数の電気通信回線と接続される専用通信回線設備等端末の回線相互間の**漏話減衰量**は**1,500Hz**において**70dB以上**でなければならない。

　漏話は配線設備だけでなく，端末機器の筐体や回路を通しても起こりうるので，光ファイバを使用している場合でもこの規定は適用される。

法規科目　工事担任者試験　過去問題 1 (16' 5)

法規科目　工事担任者試験　過去問題1 (16' 5)

問1　次の各文章の□□□内に，それぞれの解答群の中から，「電気通信事業法」又は「電気通信事業法施行規則」に規定する内容に照らして最も適したものを選び，その番号を記せ。

(1)　電気通信事業法又は電気通信事業法施行規則に規定する用語について述べた次の文章のうち，誤っているものは，　(ア)　である。

①　音声伝送役務とは，おおむね4キロヘルツ帯域の音声その他の音響を伝送交換する機能を有する電気通信設備を他人の通信の用に供する電気通信役務であってデータ伝送役務以外のものをいう。

②　電気通信事業者とは，電気通信事業を営むことについて，電気通信事業法の規定による総務大臣の登録を受けた者及び同法の規定により総務大臣への届出をした者をいう。

③　電気通信役務とは，電気通信設備を用いて他人の通信を媒介し，その他電気通信設備を特定の者の専用の用に供することをいう。

(2)　電気通信事業法に規定する「秘密の保護」及び「検閲の禁止」について述べた次の二つの文章は，　(イ)　。

A　電気通信事業者の取扱中に係る通信の秘密は，侵してはならない。電気通信事業に従事する者は，在職中電気通信事業者の取扱中に係る通信に関して知り得た他人の秘密を守らなければならない。その職を退いた後においても，同様とする。

B　電気通信事業者の取扱中に係る通信は，犯罪捜査に必要であると総務大臣が認めた場合を除き，検閲してはならない。

①　Aのみ正しい
②　Bのみ正しい
③　AもBも正しい
④　AもBも正しくない

(3)　電気通信事業法は，電気通信事業の公共性にかんがみ，その運営を適正かつ合理的なものとするとともに，その公正な競争を促進することにより，電気通信役務の円滑な提供を確保するとともにその利用者の　(ウ)　を保護し，もって電気通信の健全な発達及び国民の利便の確保を図り，公共の福祉を増進することを目的とする。

①　利益
②　権利
③　秘密

（4）　利用者は，端末設備又は $\boxed{（エ）}$ 設備を接続するときは，工事担任者資格者証の交付を受けている者に，当該工事担任者資格者証の種類に応じ，これに係る工事を行わせ，又は実地に監督させなければならない。ただし，総務省令で定める場合は，この限りでない。

① 事業用電気通信
② 自営電気通信
③ 専用通信回線

（5）　電気通信事業者は，天災，事変その他の非常事態が発生し，又は発生するおそれがあるときは，災害の予防若しくは救援，交通，通信若しくは電力の供給の確保又は $\boxed{（オ）}$ のために必要な事項を内容とする通信を優先的に取り扱わなければならない。公共の利益のため緊急に行うことを要するその他の通信であって総務省令で定めるものについても，同様とする。

① 犯罪の防止
② 秩序の維持
③ 人命の救助

法規科目　工事担任者試験　過去問題 1 (16' 5)

問2　次の各文章の 　　　 内に，それぞれの解答群の中から，「工事担任者規則」，「端末機器の技術基準適合認定等に関する規則」，「有線電気通信法」，「有線電気通信設備令」又は「不正アクセス行為の禁止等に関する法律」に規定する内容に照らして最も適したものを選び，その番号を記せ。

（1）　工事担任者規則に規定する，「資格者証の種類及び工事の範囲」について述べた次の文章のうち，誤っているものは， (ア) である。

① 　DD第三種工事担任者は，デジタル伝送路設備に端末設備等を接続するための工事のうち，接続点におけるデジタル信号の入出力速度が毎秒1ギガビット以下であって，主としてインターネットに接続するための回線に係るものに限る工事を行い，又は監督することができる。ただし，総合デジタル通信用設備に端末設備等を接続するための工事を除く。

② 　AI第二種工事担任者は，アナログ伝送路設備に端末設備等を接続するための工事のうち，端末設備等に収容される電気通信回線の数が50以下であって内線の数が200以下のものに限る工事を行い，又は監督することができる。また，総合デジタル通信用設備に端末設備等を接続するための工事のうち，総合デジタル通信回線の数が毎秒64キロビット換算で100以下のものに限る工事を行い，又は監督することができる。

③ 　AI第三種工事担任者は，アナログ伝送路設備に端末設備を接続するための工事のうち，端末設備に収容される電気通信回線の数が1のものに限る工事を行い，又は監督することができる。また，総合デジタル通信用設備に端末設備を接続するための工事のうち，総合デジタル通信回線の数が基本インタフェースで1のものに限る工事を行い，又は監督することができる。

（2）　端末機器の技術基準適合認定等に関する規則において， (イ) に接続される端末機器に表示される技術基準適合認定番号の最初の文字は， F であると規定されている。

①　インターネットプロトコル電話用設備
②　デジタルデータ伝送用設備
③　インターネットプロトコル移動電話用設備

（3）　有線電気通信法に規定する「目的」及び「技術基準」について述べた次の二つの文章は， (ウ) 。

A　有線電気通信法は，有線電気通信設備の設置及び使用を規律し，有線電気通信に関する秩序を確立することによって，公共の福祉の増進に寄与することを目的とする。

B　有線電気通信設備（政令で定めるものを除く。）の技術基準により確保されるべき事項の一つとして，有線電気通信設備は，他人の設置する有線電気通信設備に妨害を与えないようにすることがある。

①　Aのみ正しい　　　②　Bのみ正しい
③　AもBも正しい　　④　AもBも正しくない

法規　工事担任者試験　過去問題 1 (16' 5)

（4）　有線電気通信設備令に規定する用語について述べた次の文章のうち，　正しいものは，
　　　　(エ)　である。

　　①　強電流電線とは，強電流電気の伝送を行うための導体(絶縁物又は保護物で被覆されて
　　　　いる場合は，これらの物を含む。)をいう。

　　②　ケーブルとは，光ファイバ以外の絶縁物のみで被覆されている電線をいう。

　　③　絶縁電線とは，絶縁物又は保護物で被覆されている電線をいう。

（5）　不正アクセス行為の禁止等に関する法律において，アクセス管理者とは，電気通信回線
　　　に接続している電子計算機(以下「特定電子計算機」という。)の利用(当該電気通信回線を
　　　通じて行うものに限る。)につき当該特定電子計算機の　(オ)　する者をいう。

　　①　動作を管理
　　②　接続を制限
　　③　利用を監視

法規科目　工事担任者試験　過去問題 1 (16' 5)

問 3　次の各文章の ＿＿＿ 内に，それぞれの解答群の中から，「端末設備等規則」に規定する内容に照らして最も適したものを選び，その番号を記せ。

（1）　用語について述べた次の文章のうち，<u>誤っているもの</u>は， （ア） である。

① アナログ電話用設備とは，電話用設備であって，端末設備又は自営電気通信設備を接続する点においてアナログ信号を入出力とするものをいう。

② インターネットプロトコル移動電話端末とは，端末設備であって，インターネットプロトコル移動電話用設備又はデジタルデータ伝送用設備に接続されるものをいう。

③ デジタルデータ伝送用設備とは，電気通信事業の用に供する電気通信回線設備であって，デジタル方式により，専ら符号又は影像の伝送交換を目的とする電気通信役務の用に供するものをいう。

（2）　通話チャネルとは，移動電話用設備と移動電話端末又はインターネットプロトコル移動電話端末の間に設定され，主として （イ） に使用する通信路をいう。

① アナログ信号の入出力　　　② 制御信号の伝送　　　③ 音声の伝送

（3）　通話機能を有する端末設備は，通話中に受話器から過大な （ウ） が発生することを防止する機能を備えなければならない。

① 音響衝撃　　　② 誘導雑音　　　③ 反響音

（4）　「絶縁抵抗等」について述べた次の文章のうち，正しいものは， （エ） である。

① 端末設備の機器は，その電源回路と筐体及びその電源回路と事業用電気通信設備との間において，使用電圧が 300 ボルト以下の場合にあっては，0.4 メガオーム以上の絶縁抵抗を有しなければならない。

② 端末設備の機器は，その電源回路と筐体及びその電源回路と事業用電気通信設備との間において，使用電圧が 750 ボルトを超える直流及び 600 ボルトを超える交流の場合にあっては，その使用電圧の 2.0 倍の電圧を連続して 10 分間加えたときこれに耐える絶縁耐力を有しなければならない。

③ 端末設備の機器の金属製の台及び筐体は，接地抵抗が 100 オーム以下となるように接地しなければならない。ただし，安全な場所に危険のないように設置する場合にあっては，この限りでない。

（5）　利用者が端末設備を事業用電気通信設備に接続する際に使用する線路及び保安器その他の機器の電線相互間及び電線と大地間の絶縁抵抗は，直流 （オ） ボルト以上の一の電圧で測定した値で 1 メガオーム以上でなければならない。

① 100　　　② 200　　　③ 300

法規　工事担任者試験　過去問題 1 (16' 5)

問 4　次の各文章の _____ 内に，それぞれの解答群の中から，「端末設備等規則」に規定する内容に照らして最も適したものを選び，その番号を記せ。

(1) 安全性等について述べた次の文章のうち，誤っているものは， (ア) である。

① 端末設備は，事業用電気通信設備との間で鳴音(電気的又は音響的結合に生ずる発振状態をいう。)を発生することを防止するために電気通信事業者が別に定める条件を満たすものでなければならない。

② 端末設備は，事業用電気通信設備から漏えいする通信の内容を意図的に識別する機能を有してはならない。

③ 配線設備等は，事業用電気通信設備を損傷し，又はその機能に障害を与えないようにするため，総務大臣が別に告示するところにより配線設備等の設置の方法を定める場合にあっては，その方法により設置されなければならない。

(2) 「端末設備内において電波を使用する端末設備」について述べた次の文章のうち，正しいものは， (イ) である。

① 電気通信事業者が別に定める条件に適合する識別符号(端末設備に使用される無線設備を識別するための符号であって，通信路の設定に当たってその照合が行われるものをいう。)を有すること。

② 使用される無線設備は，一の筐体に収められており，かつ，容易に開けることができないこと。ただし，総務大臣が別に告示するものについては，この限りでない。

③ 使用する電波の周波数が空き状態であるかどうかについて，総務大臣が別に告示するところにより判定を行い，空き状態である場合にのみ直流回路を開くものであること。ただし，総務大臣が別に告示するものについては，この限りでない。

(3) アナログ電話端末の「選択信号の条件」における押しボタンダイヤル信号について述べた次の二つの文章は， (ウ) 。

A　周期とは，信号送出時間とミニマムポーズの和をいう。

B　高群周波数は，1,300ヘルツから 1,700ヘルツまでの範囲内における特定の四つの周波数で規定されている。

① Aのみ正しい
② Bのみ正しい
③ AもBも正しい
④ AもBも正しくない

法規科目　工事担任者試験　過去問題 1 (16' 5)

（4）　移動電話端末の「基本的機能」又は「発信の機能」について述べた次の文章のうち，誤っているものは，　(エ)　である。

① 発信を行う場合にあっては，発信を要求する信号を送出するものであること。

② 応答を行う場合にあっては，応答を確認する信号を送出するものであること。

③ 自動再発信を行う場合にあっては，その回数は3回以上であること。ただし，最初の発信から2分を超えた場合にあっては，別の発信とみなす。
　　なお，この規定は，火災，盗難その他の非常の場合にあっては，適用しない。

（5）　専用通信回線設備等端末は，　(オ)　に対して直流の電圧を加えるものであってはならない。ただし，総務大臣が別に告示する条件において直流重畳が認められる場合にあっては，この限りではない。

① 電気通信回線
② 配線設備
③ 他の端末設備

195

法規　工事担任者試験　過去問題 2（16' 11）

法規科目　工事担任者試験　過去問題2 （16' 11）

問 1　次の各文章の　　　　　内に，それぞれの解答群の中から，「電気通信事業法」又は「電気通信事業法施行規則」に規定する内容に照らして最も適したものを選び，その番号を記せ。

（1）　電気通信事業法又は電気通信事業法施行規則に規定する用語について述べた次の文章のうち，誤っているものは，　（ア）　である。

①　音声伝送役務とは，おおむね3キロヘルツ帯域の音声その他の音響を伝送交換する機能を有する電気通信設備を他人の通信の用に供する電気通信役務であってデータ伝送役務を含むものをいう。

②　電気通信設備とは，電気通信設備を用いて他人の通信を媒介し，その他電気通信設備を他人の通信の用に供することをいう。

③　電気通信回線設備とは，送信の場所と受信の場所との間を接続する伝送路設備及びこれと一体として設置される交換設備並びにこれらの附属設備をいう。

（2）　電気通信事業法に規定する「工事担任者資格者証」及び「工事担任者による工事の実施及び監督」について述べた次の二つの文章は，　（イ）　。

A　工事担任者資格者証の種類及び工事担任者が行い，又は監督することができる端末設備若しくは自営電気通信設備の接続に係る工事の範囲は，総務省令で定める。

B　工事担任者は，端末設備又は自営電気通信設備を接続する工事の実施又は監督の職務を誠実に行わなければならない。

①　Aのみ正しい　　②　Bのみ正しい　　③　AもBも正しい　　④　AもBも正しくない

（3）　総務大臣は，次のいずれかに該当する者に対し，工事担任者資格者証を交付する。

(i)　工事担任者試験に合格した者

(ii)　工事担任者資格者証の交付を受けようとする者の　（ウ）　で，総務大臣が総務省令で定める基準に適合するものであることの認定をしたものを修了した者

(iii)　前記(i)及び(ii)に掲げる者と同等以上の知識・技能を有すると総務大臣が認定した者

①　専門講座　　　　　　　　　　②　認定学校等　　　　　　　　　　③　養成課程

（4）　電気通信事業法の「端末設備の接続の検査」において，電気通信事業者の電気通信回線設備と端末設備との接続の検査に従事する者は，その身分を示す　（エ）　を携帯し，関係人に提示しなければならないと規定されている。

①　証明書　　　　　　　　②　免許証　　　　　　　　③　登録票

（5）　電気通信事業者が特定の者に対し不当な差別的取扱いを行っていると総務大臣が認めるときは，総務大臣は電気通信事業者に対し，利用者の利益又は公共の利益を確保するために必要な限度において，　（オ）　その他の措置をとるべきことを命ずることができる。

①　契約の内容の変更　　　　②　業務の方法の改善　　　　③　業務の一部を停止

問2　次の各文章の　　　内に，それぞれの解答群の中から，「工事担任者規則」，「端末機器の技術基準適合認定等に関する規則」，「有線電気通信法」，「有線電気通信設備令」又は「不正アクセス行為の禁止等に関する法律」に規定する内容に照らして最も適したものを選び，その番号を記せ。

(1)　工事担任者規則に規定する，「資格者証の種類及び工事の範囲」について述べた次の文章のうち，<u>誤っているもの</u>は，　(ア)　である。

① AI第三種工事担任者は，アナログ伝送路設備に端末設備を接続するための工事のうち，端末設備に収容される電気通信回線の数が1のものに限る工事を行い，又は監督することができる。また，総合デジタル通信用設備に端末設備を接続するための工事のうち，総合デジタル通信回線の数が基本インタフェースで1のものに限る工事を行い，又は監督することができる。

② AI・DD総合種工事担任者は，アナログ伝送路設備又はデジタル伝送路設備に端末設備等を接続するための工事を行い，又は監督することができる。

③ DD第三種工事担任者は，デジタル伝送路設備に端末設備等を接続するための工事のうち，接続点におけるデジタル信号の入出力速度が毎秒1ギガビット以下であって，主としてインターネットに接続するための回線に係るものに限る工事及び総合デジタル通信用設備に端末設備等を接続するための工事を行い，又は監督することができる。

(2)　端末機器の技術基準適合認定等に関する規則において，　(イ)　に接続される端末機器に表示される技術基準適合認定番号の最初の文字は，**C**と規定されている。

① 総合デジタル通信用設備
② デジタルデータ伝送用設備
③ アナログ電話用設備

(3)　有線電気通信法の「有線電気通信設備の届出」において，有線電気通信設備（その設置について総務大臣に届け出る必要のないものを除く。）を設置しようとする者は，有線電気通信の方式の別，　(ウ)　及び設備の概要を記載した書類を添えて，設置の工事の開始の日の2週間前まで（工事を要しないときは，設置の日から2週間以内）に，その旨を総務大臣に届け出なければならないと規定されている。

① 端末設備の接続の技術的条件
② 設備の設置の場所
③ 設備構成図

法規　工事担任者試験　過去問題 2 (16'11)

（4）　有線電気通信設備令に規定する用語について述べた次の文章のうち，　<u>誤っているもの</u>は，　（エ）　である。

① 　絶縁電線とは，絶縁物又は保護物で被覆されている電線をいう。

② 　支持物とは，電柱，支線，つり線その他電線又は強電流電線を支持するための工作物をいう。

③ 　線路とは，送信の場所と受信の場所との間に設置されている電線及びこれに係る中継器その他の機器（これらを支持し，又は保蔵するための工作物を含む。）をいう。

（5）　不正アクセス行為の禁止等に関する法律において，アクセス制御機能とは，特定電子計算機の特定利用を自動的に制御するために当該特定利用に係るアクセス管理者によって当該特定電子計算機又は当該特定電子計算機に電気通信回線を介して接続された他の特定電子計算機に付加されている機能であって，当該特定利用をしようとする者により当該機能を有する特定電子計算機に入力された符号が当該特定利用に係る識別符号であることを確認して，当該特定利用の　（オ）　の全部又は一部を解除するものをいう。

① 　設　定
② 　制　限
③ 　登　録

法規科目　工事担任者試験　過去問題 2 (16' 11)

問 3　次の各文章の◻︎◻︎◻︎◻︎内に，それぞれの解答群の中から，「端末設備等規則」に規定する内容に照らして最も適したものを選び，その番号を記せ。

(1)　用語について述べた次の文章のうち，誤っているものは，（ア）である。

① アナログ電話用設備とは電話用設備であって，端末設備又は自営電気通信設備を接続する点において音声記号を入出力とするものをいう。

② インターネットプロトコル電話端末とは，端末設備であって，インターネットプロトコル電話用設備に接続されるものをいう。

③ 選択記号とは，主として相手の端末設備を指定するために使用する信号をいう。

(2)　責任の分界について述べた次の二つの文章は，（イ）。

A　利用者の接続する端末設備は，事業用電気通信設備との技術的インターフェースを明確にするため，事業用電気通信設備との間に分界点を有しなければならない。

B　分界点における接続の方式は，端末設備を電気通信回線ごとに事業用電気通信設備から容易に切り離せるものでなければならない。

① Aのみ正しい　　　　② Bのみ正しい
③ AもBも正しい　　　④ AもBも正しくない

(3)　「端末設備内において電波を使用する端末設備」について述べた次の文章のうち，正しいものは，（ウ）である。

① 識別符号とは，端末設備に使用される無線設備を識別するための符号であって，通信路の設定に当たってその登録が行われるものをいう。

② 使用する電波の周波数が空き状態であるかどうかについて，総務大臣が別に告示するところにより判定を行い，空き状態である場合にのみ直流回路を開くものであること。ただし，総務大臣が別に告示するものについては，この限りでない。

③ 使用される無線設備は，一の筐体に収められており，かつ，容易に開けることができないこと。ただし，総務大臣が別に告示するものについては，この限りでない。

(4)　端末設備の機器は，その電源回路と筐体及びその電源回路と（エ）との間において，使用電圧が 300 ボルト以下の場合にあっては，0.2 メガオーム以上の絶縁抵抗を有しなければならない。

① 事業用電気通信設備　　② 他の端末設備　　③ 伝送装置

(5)　評価雑音電力とは，通信回線が受ける妨害であって人間の聴覚率を考慮して定められる（オ）をいい，誘導によるものを含む。

① 漏話雑音電力　　② 実効的雑音電力　　③ 雑音電力の尖頭値

199

法規　工事担任者試験　過去問題 2 (16' 11)

問4　次の各文章の　　　　　内に，それぞれの解答群の中から，「端末設備等規則」に規定する内容に照らして最も適したものを選び，その番号を記せ。

(1)　移動電話端末の「基本的機能」について述べた次の文章のうち，正しいものは，　(ア)　である。

①　発信を行う場合にあっては，発信を確認する信号を送出するものであること。

②　応答を行う場合にあっては，応答を要求する信号を送出するものであること。

③　通信を終了する場合にあっては，チャネル(通話チャネル及び制御チャネルをいう。)を切断する信号を送出するものであること。

(2)　安全性等について述べた次の二つの文章は，　(イ)　。

A　端末設備は，事業用電気通信設備から漏えいする通信の内容を意図的に識別する機能を有してはならない。

B　通話機能を有する端末設備は，通話中に受話器から過大な音響衝撃が発生することを防止する機能を備えなければならない。

①　Aのみ正しい

②　Bのみ正しい

③　AもBも正しい

④　AもBも正しくない

(3)　アナログ電話端末であって，通話の用に供するものは，電気通信番号規則に規定する電気通信番号を用いた警察機関，　(ウ)　機関又は消防機関への通報を発信する機能を備えなければならない。

①　医　療　　　　　②　海上保安　　　　　③　気　象

(4)　安全性等について述べた次の文章のうち，誤っているものは，　(エ)　である。

①　端末設備は，事業用電気通信設備との間で鳴音(電気的又は音響的結合により生ずる発振状態をいう。)を発生することを防止するために総務大臣が別に告示する条件を満たすものでなければならない。

②　端末設備の機器の金属製の台及び筐体は，接地抵抗が10オーム以下となるように接地しなければならない。ただし，安全な場所に危険のないように設置する場合にあっては，この限りでない。

③　利用者が端末設備を事業用電気通信設備に接続する際に使用する線路及び保安器その他の機器(以下「配線設備等」という。)は，事業用電気通信設備を損傷し，又はその機能に障害を与えないようにするため，総務大臣が別に告示するところにより配線設備等の設置の方法を定める場合にあっては，その方法によるものでなければならない。

(5)　複数の電気通信回線と接続される専用通信回線設備等端末の回線相互間の　(オ)　は，1,500ヘルツにおいて70デシベル以上でなければならない。

①　漏話減衰量　　　　　②　反射損失　　　　　③　伝送損失

法規科目　工事担任者試験　過去問題 3 (17' 5)

問 1　次の各文章の　□□□　内に，それぞれの解答群の中から，「電気通信事業法」又は「電気通信事業法施行規則」に規定する内容に照らして最も適したものを選び，その番号を記せ。

(1)　電気通信事業法又は電気通信事業法施行規則に規定する用語について述べた次の文章のうち，**誤っているもの**は，　(ア)　である。

　① 端末設備とは，電気通信回線設備の一端に接続される電気通信設備であって，一の部分の設置の場所が他の分部の設置の場所と同一の構内（これに準ずる区域内を含む。）又は同一の建物内であるものをいう。

　② 電気通信事業とは，電気通信役務を他人の需要に応ずるために提供する事業（放送法に規定する放送局設備供給役務に係る事業を除く。）をいう。

　③ データ伝送役務とは，音声その他の音響を伝送交換するための電気通信設備を他人の通信の用に供する電気通信役務をいう。

(2)　電気通信事業法に規定する「秘密の保護」及び「利用の公平」について述べた次の二つの文章は，　(イ)　。

　A 電気通信事業に従事する者は，在職中電気通信事業者の取扱中に係る通信に関して知り得た他人の秘密を守らなければならない。その職を退いた後においても，同様とする。

　B 電気通信事業者は，電気通信役務の提供について，不当な差別的取扱いをしてはならない。

　① Aのみ正しい
　② Bのみ正しい
　③ AもBも正しい
　④ AもBも正しくない

(3)　電気通信事業者は，　(ウ)　を設置する電気通信事業者以外の者からその電気通信設備（端末設備以外のものに限る。以下「自営電気通信設備」という。）をその　(ウ)　に接続すべき旨の請求を受けたとき，その自営電気通信設備の接続が，総務省令で定める技術基準に適合しないときは，その請求を拒むことができる。

　① 電気通信回線設備
　② 事業用電気通信設備
　③ 端末機器

法規　工事担任者試験　過去問題 3 (17' 15)

（4）　登録認定機関による技術基準適合認定を受けた端末機器であって電気通信事業法の規定により表示が付されているものが総務省令で定める技術基準に適合していない場合において，総務大臣が電気通信回線設備を利用する他の利用者の　(エ)　の発生を防止するため特に必要があると認めるときは，当該端末機器は，同法の規定による表示が付されていないものとみなす。

①　通信への妨害
②　電気通信設備への損傷
③　端末設備との間で鳴音

（5）　総務大臣は，工事担任者資格者証の交付を受けようとする者の養成課程で，総務大臣が総務省令で定める基準に適合するものであることの　(オ)　した者に対し，工事担任者資格者証を交付する。

①　認証をしたものを受講
②　認定をしたものを修了
③　認可をしたものに合格

問2　次の各文章の 　　　 内に，それぞれの解答群の中から，「工事担任者規則」，「端末機器の技術基準適合認定等に関する規則」，「有線電気通信法」，「有線電気通信設備令」又は「不正アクセス行為の禁止等に関する法律」に規定する内容に照らして最も適したものを選び，その番号を記せ。

（1）　工事担任者規則に規定する「資格者証の種類及び工事の範囲」について述べた次の文章のうち，誤っているものは， （ア） である。

① DD第二種工事担任者は，デジタル伝送路設備に端末設備等を接続するための工事のうち，接続点におけるデジタル信号の入出力速度が毎秒100メガビット（主としてインターネットに接続するための回線にあっては，毎秒1ギガビット）以下のものに限る工事を行い，又は監督することができる。ただし，総合デジタル通信用設備に端末設備等を接続するための工事を除く。

② DD第三種工事担任者は，デジタル伝送路設備に端末設備等を接続するための工事のうち，接続点におけるデジタル信号の入出力速度が毎秒1ギガビット以下であって，主としてインターネットに接続するための回線に係るものに限る工事を行い，又は監督することができる。ただし，総合デジタル通信用設備に端末設備等を接続するための工事を除く。

③ AI第三種工事担任者は，アナログ伝送路設備に端末設備を接続するための工事のうち，端末設備に収容される電気通信回線の数が1のものに限る工事を行い，又は監督することができる。また，総合デジタル通信用設備に端末設備を接続するための工事のうち，総合デジタル通信回線の数が毎秒64キロビット換算で1のものに限る工事を行い，又は監督することができる。

（2）　端末機器の技術基準適合認定等に関する規則において，インターネットプロトコル移動電話用設備に接続される端末機器に表示される技術基準適合認定番号の最初の文字は， （イ） と規定されている。

① D　　　　　② E　　　　　③ F

（3）　有線電気通信法に規定する「目的」又は「技術基準」について述べた次の文章のうち，正しいものは， （ウ） である。

① 有線電気通信法は，有線電気通信設備の設置及び態様を規律し，有線電気通信に関する役務を提供することによって，公共の福祉の増進に寄与することを目的とする。

② 有線電気通信設備（政令で定めるものを除く。）の技術基準により確保されるべき事項の一つとして，有線電気通信設備は，他人の設置する有線電気通信設備に妨害を与えないようにすることがある。

③ 有線電気通信設備（政令で定めるものを除く。）の技術基準により確保されるべき事項の一つとして，有線電気通信設備は，重要通信に付される識別符号を判別できるようにすることがある。

（4）　有線電気通信設備令に規定する用語について述べた次の文章のうち，<u>誤っているもの</u>は，　（エ）　である。

　①　ケーブルとは，光ファイバ並びに光ファイバ以外の絶縁物及び保護物で被覆されている電線をいう。

　②　音声周波とは，周波数が 250 ヘルツを超え，4,500 ヘルツ以下の電磁波をいう。

　③　支持物とは，電柱，支線，つり線その他電線又は強電流電線を支持するための工作物をいう。

（5）　不正アクセス行為の禁止等に関する法律は，不正アクセス行為を禁止するとともに，これについての罰則及びその再発防止のための都道府県公安委員会による援助措置等を定めることにより，電気通信回線を通じて行われる　（オ）　に係る犯罪の防止及びアクセス制御機能により実現される電気通信に関する秩序の維持を図り，もって高度情報通信社会の健全な発展に寄与することを目的とする。

　①　電子計算機
　②　インターネット通信
　③　不正ログイン

問3 次の各文章の　　　内に，それぞれの解答群の中から，「端末設備等規則」に規定する内容に照らして最も適したものを選び，その番号を記せ。

（1） 用語について述べた次の文章のうち，誤っているものは，　（ア）　である。

① 移動電話用設備とは，電話用設備であって，端末設備又は自営電気通信設備との接続において電波を使用するものをいう。

② 総合デジタル通信用設備とは，電気通信事業の用に供する電気通信回線設備であって，主として 64 キロビット毎秒を単位とするデジタル信号の伝送速度により，符号，音声その他の音響又は影像を統合して伝送交換することを目的とする電気通信役務の用に供するものをいう。

③ 制御チャネルとは，移動電話用設備と移動電話端末又はインターネットプロトコル移動電話端末の間に設定され，主として音声の伝送に使用する通信路をいう。

（2） 利用者の接続する端末設備は，事業用電気通信設備との　（イ）　の分界を明確にするため，事業用電気通信設備との間に分界点を有しなければならない。

① 設備区分
② 責　任
③ インタフェース

（3） 安全性等について述べた次の二つの文章は，　（ウ）　。

A 端末設備は，事業用電気通信設備から漏えいする通信の内容を意図的に識別する機能を有してはならない。

B 通話機能を有する端末設備は，通話中に受話器から過大な誘導雑音が発生することを防止する機能を備えなければならない。

① Aのみ正しい
② Bのみ正しい
③ AもBも正しい
④ AもBも正しくない

法規　工事担任者試験　過去問題 3 (17'15)

(4)　安全性等について述べた次の文章のうち，**誤っているもの**は，　(エ)　である。

① 端末設備は，事業用電気通信設備との間で鳴音（電気的又は音響的結合により生ずる発振状態をいう。）を発生することを防止するために総務大臣が別に告示する条件を満たすものでなければならない。

② 端末設備の機器は，その電源回路と筐体及びその電源回路と事業用電気通信設備との間において，使用電圧が 750 ボルトを超える直流及び 600 ボルトを超える交流の場合にあっては，その使用電圧の 1.5 倍の電圧を連続して 10 分間加えたときこれに耐える絶縁耐力を有しなければならない。

③ 利用者が端末設備を事業用電気通信設備に接続する際に使用する線路及び保安器その他の機器の評価雑音電力は，絶対レベルで表した値で定常時においてマイナス 64 デシベル以下であり，かつ，最大時においてマイナス 48 デシベル以下でなければならない。

(5)　端末設備を構成する一の部分と他の部分相互間において電波を使用する端末設備は，使用する電波の周波数が空き状態であるかどうかについて，総務大臣が別に告示するところにより判定を行い，空き状態である場合にのみ　(オ)　ものでなければならない。ただし，総務大臣が別に告示するものについては，この限りでない。

① 通信路を設定する

② 回線を認識する

③ 直流回路を開く

問4 次の各文章の □ 内に，それぞれの解答群の中から，「端末設備等規則」に規定する内容に照らして最も適したものを選び，その番号を記せ。

(1) インターネットプロトコル移動電話端末の「送信タイミング」又は「発信の機能」について述べた次の文章のうち，誤っているものは， (ア) である。

① インターネットプロトコル移動電話端末は，総務大臣が別に告示する条件に適合する送信タイミングで送信する機能を備えなければならない。

② 発信に際して相手の端末設備からの応答を自動的に確認する場合にあっては，電気通信回線からの応答が確認できない場合，呼の設定を行うためのメッセージ送出終了後128秒以内に通信終了メッセージを送出するものであること

③ 自動再発信を行う場合にあっては，その回数は5回以内であること。ただし，最初の発信から3分を超えた場合にあっては，別の発信とみなす。
なお，この規定は，火災，盗難その他の非常の場合にあっては，適用しない。

(2) 利用者が端末設備を事業用電気通信設備に接続する際に使用する線路及び保安器その他の機器（以下「配線設備等」という。）は，事業用電気通信設備を損傷し，又はその機能に障害を与えないようにするため，総務大臣が別に告示するところにより配線設備等の (イ) の方法を定める場合にあっては，その方法によるものでなければならない。

① 設 置
② 点 検
③ 運 用

(3) アナログ電話端末の「選択信号の条件」における押しボタンダイヤル信号について述べた次の文章のうち，正しいものは， (ウ) である

① 周期とは，信号送出時間と信号受信時間の和をいう。

② 高群周波数は，1,200ヘルツから1,700ヘルツまでの範囲内における特定の四つの周波数で規定されている。

③ ミニマムポーズとは，隣接する信号間の休止時間の最大値をいう。

法規　工事担任者試験　過去問題 3 (17' 15)

(4)　「絶縁抵抗等」について述べた次の二つの文章は，　(エ)　。

A　端末設備の機器の金属製の台及び筐体は，接地抵抗が 10 オーム以下となるように接地しなければならない。ただし，安全な場所に危険のないように設置する場合にあっては，この限りでない。

B　端末設備の機器は，その電源回路と筐体及びその電源回路と事業用電気通信設備との間において，使用電圧が 300 ボルト以下の場合にあっては，0.2 メガオーム以上の絶縁抵抗を有しなければならない。

① 　A のみ正しい
② 　B のみ正しい
③ 　A も B も正しい
④ 　A も B も正しくない

(5)　アナログ電話用設備とは，電話用設備であって，端末設備又は　(オ)　を接続する点においてアナログ信号を入出力とするものをいう。

① 　自営電気通信設備
② 　有線電気通信設備
③ 　電気通信回線設備

法規科目　工事担任者試験　過去問題 4 (17' 11)

問1　次の各文章の　　　　内に，それぞれの解答群の中から，「電気通信事業法」又は「電気通信事業法施行規則」に規定する内容に照らして最も適したものを選び，その番号を記せ。

(1)　電気通信事業法又は電気通信事業法施行規則に規定する用語について述べた次の文章のうち，<u>誤っているもの</u>は，　(ア)　である。

① 端末設備とは，電気通信回線設備の一端に接続される電気通信設備であって，一の部分の設置の場所が他の部分の設置の場所と同一の構内（これに準ずる区域内を含む。）又は同一の建物内であるものをいう。

② 電気通信役務とは，電気通信設備を用いて他人の通信を媒介し，その他電気通信設備を特定の者の専用の用に供することをいう。

③ 音声伝送役務とは，おおむね4キロヘルツ帯域の音声その他の音響を伝送交換する機能を有する電気通信設備を他人の通信の用に供する電気通信役務であってデータ伝送役務以外のものをいう。

(2)　電気通信事業法に規定する「工事担任者による工事の実施及び監督」及び「工事担任者資格者証」について述べた次の二つの文章は，　(イ)　。

A　工事担任者は，端末設備又は自営電気通信設備を接続する工事の実施又は及び監督の職務を誠実に行わなければならない。

B　工事担任者資格者証の種類及び工事担当者が行い，又は監督することができる端末設備若しくは自営電気通信設備の接続に係る工事の範囲は，総務省令で定める。

① Aのみ正しい　　　　　　② Bのみ正しい
③ AもBも正しい　　　　　④ AもBも正しくない

(3)　電気通信事業者は，利用者から端末信設備をその電気通信回線設備（その損壊又は故障等による利用者の利益に及ぼす影響が軽微なものとして総務省令で定めるものを除く。）に接続すべき旨の請求を受けたときは，その接続が総務省令で定める　(ウ)　に適合しない場合その他総務省令で定める場合を除き，その請求を拒むことができない。

① 管理規定　　　　② 技術基準　　　　③ 検査規格

(4)　電気通信事業法の「端末設備の接続の検査」において，電気通信事業者の電気通信回線設備と端末設備との接続の検査に従事する者は，その身分を示す　(エ)　を携帯し，関係人に提示しなければならないと規定されている。

① 免許書　　　　② 認定書　　　　③ 証明書

(5)　電気通信事業者が特定の者に対し不当な差別的取扱いを行っていると総務大臣が認めるときは，総務大臣は電気通信事業者に対し，利用者の利益又は　(オ)　を確保するために必要な限度において，業務の方法の改善その他の措置をとることを命ずることができる。

① 公共の利益　　　② 社会の秩序　　　③ 通信の秘密

法規　工事担任者試験　過去問題 4 (17' 11)

問2　次の各文章の 	 内に，それぞれの解答群の中から，「工事担任者規則」，「端末機器の技術基準適合認定等に関する規則」，「有線電気通信法」，「有線電気通信設備令」又は「不正アクセス行為の禁止等に関する法律」に規定する内容に照らして最も適したものを選び，その番号を記せ。

(1)　工事担任者規則に規定する「資格者証の種類及び工事の範囲」について述べた次の文章のうち，誤っているものは， (ア) である。

　　① 　DD第三種工事担任者は，デジタル伝送路設備に端末設備等を接続するための工事のうち，接続点におけるデジタル信号の入出力速度が毎秒1ギガビット以下であって，主としてインターネットに接続するための回線に係るものに限る工事及び総合デジタル通信用設備に端末設備等を接続するための工事を行い，又は監督することができる。

　　② 　AI第三種工事担任者は，アナログ伝送路設備に端末設備を接続するための工事のうち，端末設備に収容される電気通信回線の数が1のものに限る工事を行い，又は監督することができる。また，総合デジタル通信用設備に端末設備を接続するための工事のうち，総合デジタル通信回線の数が基本インタフェースで1のものに限る工事を行い，又は監督することができる。

　　③ 　AI・DD総合種工事担任者は，アナログ伝送路設備又はデジタル伝送路設備に端末設備等を接続するための工事を行い，又は監督することができる。

(2)　端末機器の技術基準適合認定等に関する規則に規定する，端末機器の技術基準適合認定番号について述べた次の文章のうち，誤っているものは， (イ) である。

　　① 　総合デジタル通信用設備に接続される端末機器に表示される技術基準適合認定番号の最初の文字は，Cである。
　　② 　専用通信回線設備に接続される端末機器に表示される技術基準適合認定番号の最初の文字は，Bである。
　　③ 　インターネットプロトコル移動電話用設備に接続される端末機器に表示される技術基準適合認定番号の最初の文字は，Fである。

(3)　有線電気通信法は，有線電気通信設備の設置及び使用を規律し，有線電気通信に関する (ウ) することによって，公共の福祉の増進に寄与することを目的とする。

　　① 　競争を促進
　　② 　秩序を確立
　　③ 　規格を統一

（4） 有線電気通信設備令に規定する用語について述べた次の文章のうち，正しいものは，　（エ）　である。

① 強電流電線とは，強電流電気の伝送を行うための導体（絶縁物又は保護物で被覆されている場合は，これらの者を含む。）をいう。

② ケーブルとは，光ファイバ以外の絶縁物のみで被覆されている電線をいう。

③ 絶縁電線とは，絶縁物又は保護物で被覆されている電線をいう。

（5） 不正アクセス行為の禁止等に関する法律において，アクセス制御機能とは，特定電子計算機の特定利用を自動的に制御するために当該特定利用に係るアクセス管理者によって当該特定電子計算機又は当該特定電子計算機に電気通信回線を介して接続された他の特定電子計算機に付加されている機能であって，当該特定利用をしようとする者により当該機能を有する特定電子計算機に入力された符号が当該特定利用に係る　（オ）　であることを確認して，当該特定利用の制限の全部又は一部を解除するものをいう。

① 秘密鍵

② 電磁的記録

③ 識別符号

問3 次の各文章の___内に，それぞれの解答群の中から，「端末設備等規則」に規定する内容に照らして最も適したものを選び，その番号を記せ。

(1) 用語について述べた次の文章のうち，誤っているものは，(ア) である。

① インターネットプロトコル移動電話端末とは，端末設備であって，インターネットプロトコル移動電話用設備又はデジタルデータ伝送用設備に接続されるものをいう。

② アナログ電話用設備とは，電話用設備であって，端末設備又は自営電気通信設備を接続する点においてアナログ信号を入出力とするものをいう。

③ デジタルデータ伝送用設備とは，電気通信事業の用に供する電気通信回線設備であってデジタル方式により，専ら符号又は影像の伝送交換を目的とする電気通信役務の用に供するものをいう。

(2) 端末設備の機器は，その電源回路と筐体及びその電源回路と (イ) との間において，使用電圧が 300 ボルト以下の場合にあっては，0.2 メガオーム以上の絶縁抵抗を有しなければならない。

① 伝送装置　　　② 事業用電気通信設備　　　③ 他の端末設備

(3) 責任の分界又は安全性等について述べた次の文章のうち，誤っているものは，(ウ) である。

① 利用者の接続する端末設備は，事業用電気通信設備との責任の分界を明確にするため，事業用電気通信設備との間に分界点を有しなければならない。

② 配線設備等の電線相互間及び電線と大地間の絶縁抵抗は，直流 100 ボルト以上の一の電圧で測定した値で 1 メガオーム以上であること。

③ 端末設備は，事業用電気通信設備から漏えいする通信の内容を意図的に識別する機能を有してはならない。

(4) 安全性等について述べた次の二つの文章は，(エ) 。

A 通話機能を有する端末設備は，通話中に受話器から過大な音響衝撃が発生することを防止する機能を備えなければならない。

B 端末設備は，事業用電気通信設備との間で誘導雑音（電気的又は音響的結合によって生ずる発振状態をいう。）を発生することを防止するために総務大臣が別に告示する条件を満たすものでなければならない。

① Aのみ正しい　　　② Bのみ正しい
③ AもBも正しい　　　④ AもBも正しくない

(5) 端末設備を構成する一の部分と他の部分相互間において電波を使用する端末設備にあっては，総務大臣が別に告示するものを除き，使用される無線設備は，一の筐体に収められており，かつ，容易に (オ) ことができないものでなければならない。

① 取り外す　　　② 改造する　　　③ 開ける

問4 次の各文章の 内に，それぞれの解答群の中から，「端末設備等規則」に規定する内容に照らして最も適したものを選び，その番号を記せ。

(1) 「端末設備内において電波を使用する端末設備」について述べた次の二つの文章は， (ア) 。

   A 総務大臣が別に告示する条件に適合する識別符号（端末設備に使用される無線設備を識別するための符号であって，通信路の設定に当たってその照合が行われるものをいう。）を有すること。

   B 使用する電波の周波数が空き状態であるかどうかについて，総務大臣が別に告示するところにより判定を行い，空き状態である場合にのみ通信路を設定するものであること。ただし，総務大臣が別に告示するものについては，この限りでない。

   ① Aのみ正しい   ② Bのみ正しい
   ③ AもBも正しい   ④ AもBも正しくない

(2) アナログ電話端末の「選択信号の条件」における押しボタンダイヤル信号について述べた次の文章のうち，誤っているものは， (イ) である。

   ① 低群周波数は，600ヘルツから1,000ヘルツまでの範囲内における特定の四つの周波数で規定されている。

   ② 高群周波数は，1,300ヘルツから1,700ヘルツまでの範囲内における特定の四つの周波数で規定されている。

   ③ 周期とは，信号送出時間とミニマムポーズの和をいう

(3) 絶対レベルとは，一の (ウ) に対する比をデシベルで表したものをいう。

   ① 皮相電力の1ミリワット   ② 皮相電力の1ワット
   ③ 有効電力の1ミリワット   ④ 有効電力の1ワット

(4) 評価雑音電力とは，通信回線が受ける妨害であって人間の聴覚率を考慮して定められる (エ) をいい，誘導によるものを含む。

   ① 漏話雑音電力   ② 雑音電力の尖頭値   ③ 実効的雑音電力

(5) 専用通信回線設備等端末は，総務大臣が別に告示する電気的条件及び (オ) 条件のいずれかの条件に適合するものでなければならない。

   ① 光学的   ② 磁気的   ③ 機械的

法規科目　工事担任者試験　過去問題 5 (18' 5)

法規科目　工事担任者試験　過去問題5 (18' 5)

問1　次の各文章の　　　内に，それぞれの解答群の中から，「電気通信事業法」又は「電気通信事業法施行規則」に規定する内容に照らして最も適したものを選び，その番号を記せ。

(1)　電気通信事業法又は電気通信事業法施行規則に規定する用語について述べた次の文章のうち，誤っているものは，　(ア)　である。

①　電気通信とは，有線，無線その他の電磁的方式により符号，音響又は影像を送り，伝え，又は受けることをいう。

②　電気通信事業とは，電気通信役務を他人の需要に応ずるために提供する事業（放送法に規定する放送局設備供給役務に係る事業を除く。）をいう。

③　データ伝送役務とは，音声その他の音響を伝送交換するための電気通信設備を他人の通信の用に供する電気通信役務をいう。

(2)　電気通信事業法に規定する「検閲の禁止」「秘密の保護」又は「利用の公平」について述べた次の文章のうち，誤っているものは　(イ)　である。

①　電気通信事業者の取扱中に係る通信は，犯罪捜査に必要であると総務大臣が認めた場合を除き，検閲してはならない。

②　電気通信事業に従事する者は，在職中電気通信事業者の取扱中に係る通信に関して知り得た他人の秘密を守らなければならない。その職を退いた後においても，同様とする。

③　電気通信事業者は，電気通信役務の提供について，不当な差別的取扱いをしてはならない。

(3)　電気通信事業法に規定する「工事担任者資格者証」について述べた次の二つの文章は，　(ウ)　。

A　総務大臣は，工事担任者資格者証の交付を受けようとする者の養成課程で，総務大臣が総務省令で定める基準に適合するものであることの認定をしたものを受講した者に対し，工事担任者資格者証を交付する。

B　総務大臣は，電気通信事業法の規定により工事担任者資格者証の返納を命ぜられ，その日から1年を経過しない者に対しては，工事担任者資格者証の交付を行わないことができる。

①　Aのみ正しい　　　　②　Bのみ正しい

③　AもBも正しい　　　④　AもBも正しくない

法規　工事担任者試験　過去問題 5 (18' 5)

（4）　電気通信事業者は， (エ) を設置する電気通信事業者以外の者からその電気通信設
備（端末設備以外のものに限る。以下「自営電気通信設備」という。）をその (エ) に接
続すべき旨の請求を受けたとき，その自営電気通信設備の接続が，総務省令で定める技術
基準に適合しないときは，その請求を拒むことができる。

①　移動端末設備
②　端末機器
③　電気通信回線設備

（5）　利用者は，端末設備又は自営電気通信設備を (オ) するときは，工事担任者資格者証
の交付を受けている者に，当該工事担任者資格者証の種類に応じ，これに係る工事を行わ
せ，又は実地に監督させなければならない。ただし，総務省令で定める場合は，この限り
でない。

①　接　続
②　開　通
③　設　置

問2 次の各文章の □□□ 内に，それぞれの解答群の中から，「工事担任者規則」，「端末機器の技術基準適合認定等に関する規則」，「有線電気通信法」，「有線電気通信設備令」又は「不正アクセス行為の禁止等に関する法律」に規定する内容に照らして最も適したものを選び，その番号を記せ。

(1) 工事担任者規則に規定する「資格者証の種類及び工事の範囲」について述べた次の二つの文章は， (ア) 。

A DD第三種工事担任者は，デジタル伝送路設備に端末設備等を接続するための工事のうち，接続点におけるデジタル信号の入出力速度が毎秒1ギガビット以下であって，主としてインターネットに接続するための回線に係るものに限る工事を行い，又は監督することができる。ただし，総合デジタル通信用設備に端末設備等を接続するための工事を除く。

B AI第三種工事担任者は，アナログ伝送路設備に端末設備を接続するための工事のうち，端末設備に収容される電気通信回線の数が1のものに限る工事を行い，又は監督することができる。また，総合デジタル通信用設備に端末設備を接続するための工事のうち，総合デジタル通信回線の数が毎秒64キロビット換算で1のものに限る工事を行い，又は監督することができる。

① Aのみ正しい
② Bのみ正しい
③ AもBも正しい
④ AもBも正しくない

(2) 端末機器の技術基準適合認定等に関する規則において， (イ) に接続される端末機器に表示される技術基準適合認定番号の最初の文字は， Fと規定されている。

① インターネットプロトコル電話用設備
② デジタルデータ伝送用設備
③ インターネットプロトコル移動電話用設備

(3) 総務大臣は，有線電気通信法の施行に必要な限度において，有線電気通信設備を (ウ) からその設備に関する報告を徴し，又はその職員に，その事務所，営業所，工場若しくは事業場に立ち入り，その設備若しくは帳簿書類を検査させることができる。

① 設置した者
② 管理する者
③ 運用する者

法規　工事担任者試験　過去問題 5 (18' 5)

（4）　有線電気通信設備令に規定する用語について述べた次の文章のうち，誤っているものは，
　　　（エ）　である。

　　①　線路とは，送信の場所と受信の場所との間に設置されている電線及びこれに係る中継
　　　器その他の機器（これらを支持し，又は保蔵するための工作物を含む。）をいう。

　　②　絶縁電線とは，絶縁物又は保護物で被覆されている電線をいう。

　　③　絶対レベルとは，一の皮相電力の 1 ミリワットに対する比をデシベルで表わしたもの
　　　をいう。

（5）　不正アクセス行為の禁止等に関する法律において，アクセス管理者とは，電気通信回線
　　　に接続している電子計算機（以下「特定電子計算機」という。）の利用（当該電気通信回線
　　　を通じて行うものに限る。）につき当該特定電子計算機の　（オ）　する者をいう。

　　①　接続を制限
　　②　動作を管理
　　③　利用を監視

問3 次の各文章の   内に，それぞれの解答群の中から，「端末設備等規則」に規定する内容に照らして最も適したものを選び，その番号を記せ。

(1)　用語について述べた次の文章のうち，誤っているものは， (ア) である。

①　移動電話用設備とは，電話用設備であって，基地局との接続において電波を使用するものをいう。

②　総合デジタル通信用設備とは，電気通信事業の用に供する電気通信回線設備であって，主として64キロビット毎秒を単位とするデジタル信号の伝送速度により，符号，音声その他の音響又は影像を統合して伝送交換することを目的とする電気通信役務の用に供するものをいう。

③　インターネットプロトコル電話端末とは，端末設備であって，インターネットプロトコル電話用設備に接続されるものをいう。

(2)　端末設備は，事業用電気通信設備から漏えいする通信の内容を意図的に (イ) する機能を有してはならない。

①　変　更
②　照　合
③　識　別

(3)　「端末設備内において電波を使用する端末設備」について述べた次の二つの文章は，
  (ウ) 。

A　総務大臣が別に告示する条件に適合する識別符号（端末設備に使用される無線設備を識別するための符号であって，通信路の設定に当たってその照合が行われるものをいう。）を有すること。

B　使用される無線設備は，一の筐体に収められており，かつ，容易に分解することができないこと。ただし，総務大臣が別に告示するものについては，この限りでない。

①　Aのみ正しい
②　Bのみ正しい
③　AもBも正しい
④　AもBも正しくない

法規　工事担任者試験　過去問題 5 (18' 5)

（4）　利用者が端末設備を事業用電気通信設備に接続する際に使用する線路及び保安器その他
の機器の電線相互間及び電線と大地間の絶縁抵抗は，直流 （エ） ボルト以上の一の電圧
で測定した値で 1 メガオーム以上でなければならない。

① 100

② 200

③ 300

（5）　「絶縁抵抗等」について述べた次の文章のうち，正しいものは， （オ） である。

① 端末設備の機器は，その電源回路と筐体及びその電源回路と事業用電気通信設備との
間において，使用電圧が 300 ボルト以下の場合にあっては，0.4 メガオーム以上の絶縁抵
抗を有しなければならない。

② 端末設備の機器の金属製の台及び筐体は，接地抵抗が 100 オーム以下となるように接
地しなければならない。ただし，安全な場所に危険のないように設置する場合にあって
は，この限りでない。

③ 端末設備の機器は，その電源回路と筐体及びその電源回路と事業用電気通信設備との
間において，使用電圧が 750 ボルトを超える直流及び 600 ボルトを超える交流の場合に
あっては，その使用電圧の 2 倍の電圧を連続して 10 分間加えたときこれに耐える絶縁耐
力を有しなければならない。

問4 次の各文章の 内に，それぞれの解答群の中から，「端末設備等規則」に規定する内容に照らして最も適したものを選び，その番号を記せ。

(1) アナログ電話端末の「選択信号の条件」における押しボタンダイヤル信号について述べた次の文章のうち，誤っているものは， (ア) である。

① ダイヤル番号の周波数は，低群周波数のうちの一つと高群周波数のうちの一つとの組合せで規定されている。

② 低群周波数は，600ヘルツから900ヘルツまでの範囲内における特定の四つの周波数で規定されている。

③ ミニマムポーズとは，隣接する信号間の休止時間の最小値をいう。

(2) インターネットプロトコル移動電話端末の「発信の機能」又は「送信タイミング」について述べた次の文章のうち，誤っているものは， (イ) である。

① 発信に際して相手の端末設備からの応答を自動的に確認する場合にあっては，電気通信回線からの応答が確認できない場合，呼の設定を行うためのメッセージ送出終了後128秒以内に通信終了メッセージを送出するものであること。

② 自動再発信を行う場合にあっては，その回数は5回以内であること。ただし，最初の発信から3分を超えた場合にあっては，別の発信とみなす。
なお，この規定は，火災，盗難その他の非常の場合にあっては，適用しない。

③ インターネットプロトコル移動電話端末は，総務大臣が別に告示する条件に適合する送信タイミングで送信する機能を備えなければならない。

(3) 通話機能を有する端末設備は，通話中に受話器から過大な (ウ) が発生することを防止する機能を備えなければならない。

① 反響音　　　　② 誘導雑音　　　　③ 音響衝撃

(4) (エ) 回路とは，端末設備又は自営電気通信設備を接続する点において2線式の接続形式を有するアナログ電話用設備に接続して電気通信事業者の交換設備の動作の開始及び終了の制御を行うための回路をいう。

① デジタル　　　② アナログ　　　③ 交流　　　④ 直流

(5) 専用通信回線設備等端末の「漏話減衰量」及び「電気的条件等」について述べた次の二つの文章は， (オ) 。

A 複数の電気通信回線と接続される専用通信回線設備等端末の回線相互間の漏話減衰量は1,500ヘルツにおいて70デジベル以上でなければならない。

B 専用通信回線設備等端末は，自営電気通信設備に対して直流の電圧を加えるものであってはならない。ただし，総務大臣が別に告示する条件において直流重畳が認められる場合にあっては，この限りでない。

① Aのみ正しい　　② Bのみ正しい　　③ AもBも正しい　　④ AもBも正しくない

索 引

問題が解けないとき!!

問題のキーとなる単語の掲載ページを参照してください。

数字・アルファベット

数字・その他

10BASE5 *91*
10BASE－T *90*
100BASE－TX *91,92*
1000BASE－T *91,96*
2PSK方式 *50*
2進数 *29*
2.4GHz帯 *98*
2相位相変調方式 *50*
4PSK方式 *50*
4相位相変調方式 *50*
8PSK方式 *50*
8相位相変調方式 *50*
%ES *53*
%SES *53*
%DM *53*

A

ACK *98*
ADS *116*
ADSL *113*
ADSLモデム *83*
AM変調 *49*
AMI符号 *110*
AND回路 *22,32,38*
ASE雑音 *102*
ASK *49*

B

BER *53*

C

CAP方式 *113*
CATVインターネット *118*
CMI符号 *110*
CRC方式 *112*
CSMA/CA *98*
CSMA/CD *99*
CTS信号 *99*

D

DDoS *130*
DHCP *119,120*
DMT方式 *83,113*
DMZ *124,132*
DNS *119,120*
DNSキャッシュポイズニング *131*
DSB *49*

F

FCコネクタ *104*
FDM *54*
FET *28*
FM *50*
FSK *50*
FTP *119,120*
FTTH *115,117*

G

GE–PON *115*
GI型 *100*

H

H.323　*85*
HDLC 手順　*112*
HTML　*127*
HTTP　*119,120*

I

ICMP　*119,122*
IDS　*132*
IEEE802.3at type1　*95*
IEEE802.3at type2　*95*
IEEE802.11 a,b,g,n　*98*
IEEE802.3 af　*86*
IFS　*98*
IMAP　*120*
INIT スイッチ　*84*
IP　*119,123*
IPv6　*122*
IP アドレス　*125*
IP 電話　*85*
IP ネットワーク　*124*
IP パケット　*124*
IP マスカレード　*125*
ISM バンド　*98*
ITU－T　*85*

L

LAN　*89*
LANポート　*84*
LED　*23,101*
LLID　*115*

M

MAC アドレス　*92,93*
MAC フレーム　*92*
MAC アドレスフィルタリング　*131*
MDF　*117*
MDI　*92*
MDI－X　*92*
Megaco/H.248　*85*
MGCP　*85*
MIL 記号　*32,38*
MLT－3 符号　*110*
MMF　*100,101*
MOS 形 FET　*28*
MTU 値　*92,121*

N

NAND 回路　*32,38*
NAPT　*125*
NAT　*125*
NOR 回路　*32,38*
NOT 回路　*32,38*
npn 形　*24*
npn 形トランジスタ　*24*
n 形半導体　*19*
NRZ 方式　*109*
NRZI 符号　*110*
N チャンネル形　*28*

O

OLT　*115*
ONU　*115*
OR 回路　*22,32,38*
OSI参照モデル　*111,119*
OSU　*115*

P

P2MP ディスカバリ　*116*
PAM　*51*
PCM 伝送　*51,52*
PDS　*115*
ping コマンド　*123*
PM　*50*
pnp 形トランジスタ　*24*
pn 接合半導体　*20*
PoE　*86,95,96*
PON　*115*
POP3　*120*
PPM　*51*
PPP　*119,121*
PPPoE　*121*
PSK　*50*
p形半導体　*19*
Pチャンネル形　*28*
PWM　*51*

Q

QoS　*87*

R

RC 直列回路　*12*
RC 並列回路　*14*
RJ－11　*82*
RJ－11モジュラジャック　*82*
RJ－45モジュラプラグ　*82,97*
RLC 直列回路　*12*
RL 直列回路　*12*
RL 並列回路　*14*
RTS信号　*99*
RZ方式　*109*

S

SI 型　*100*

SIP

SIP　*85*
SMF　*100*
SMTP　*119,120*
SNMP　*119,120*
SN 比　*46*
SS　*116*
SSB　*49*
SSID　*131*
STP ケーブル　*90*

T

TCM　*54*
TCP　*119,121*
TCP/IP　*119*
TDM　*54*
T568A　*97*
T568B　*97*

U

UDP　*119,121*
UTPケーブル　*82,90,97*

V

VDSL　*113*
VoIP　*87*
VoIP ゲートウェイ　*88*
VoIP ゲートキーパ　*88*
VPN　*132*
VSB　*49*

W

WDM　*54*
WWW　*119,120*

X

xDSL　*113*

日　本　語

あ

アクセプタ　19
アナログ信号　48
アナログ伝送方式　48
アプリケーション層　111,119,120

い

イーサネット　90,119
位相変調方式　50
インターネット　124
インターネット層　119,122
イントラネット　124
インピーダンス整合　45

う

ウイルス　127
ウイルス対策　126
ウイルスチェックサービス　127

え

エクストラネット　124
エコー　88
エコーキャンセラ　88
エニーキャストアドレス　122
エミッタ　24
エミッタ接地　26
遠端漏話　46

お

オルタナティブA方式　96
オルタナティブB方式　96

か

外部変調方式　55
隠れ端末問題　99
カテゴリ　91
価電子　19
カスケード接続　92
可変容量ダイオード　23
カットアンドスルー方式　94

き

起磁力　17
キャラクタ同期方式　112
キャリア　19
吸収損失　101
共振回路　15
共有結合　19
許容電流　3
キーロガー　129
近端漏話　46,90

く

空乏層　20
クラッキング　130
クラッド　100
グレーデッドインデックス（GI）型　100
グローバルIPアドレス　125
クロスケーブル　97
クロスペア　97
クーロンの法則　7

け

ケーブルバンド　106
ゲルマニウムダイオード　21

225

こ

コア 100
コイル 11
硬質ビニール管 106
公衆電話網 83
合成インピーダンス 12
構造分散 101
光電効果 18
呼制御プロトコル 85
コネクション型通信 123
コネクションレス型通信 123
コネクタ接続法 104
コレクタ 24
コレクタ接地 26
コンデンサ 8,11
コンピュータウイルス 126

さ

再生中継 51
最大値 10
サーミスタ 18,23
材料分散 101
雑音信号 114
残留側波帯伝送 49

し

磁界と電磁誘導 16
磁気抵抗 17
辞書攻撃 129
磁束 17
実効値 10
ジッタ 87
時分割多重伝送方式 54
自由電子 18,19
周波数分割多重伝送方式 54
周波数変調方式 50
出力特性 25

（右段）

受動電気回路素子 83
瞬時値 10
少数キャリア 19
ショット雑音 102
シリコンダイオード 21
シンクライアントシステム 130
シングルスター 116
シングルモード型光ファイバ 100
信号対雑音比 46
真性半導体 19
振幅偏移変調 49
振幅変調方式 49
真理値表 32

す

スイッチング回路 27
スイッチング作用 22
スイッチングハブ 86,93
スキミング 130
スター型 89
ステップインデックス（SI）型 100
ストアアンドフォワード方式 94
ストレートケーブル 97
スパイウェア 128
スパムメール 128
スプリッタ 83
スプリットペア 97
スペクトラム拡散変調方式 98

せ

制御部 112
正孔（ホール）18,19
静電気 7
静電結合 47
静電誘導 7,47
整流回路 21
整流効果 18
石英系光ファイバ 101

セキュリティホール *130*
セグメント *111*
セション層 *111,119*
セッションハイジャック *130*
接合形FET *28*
絶対レベル *42*
セルラフロア *107*
ゼロディ攻撃 *129*
全二重通信 *108*
全波整流回路 *21*
専用型ADSLサービス *84*

そ

相対レベル *42*
増幅回路 *26*
増幅度 *27*

た

ダイオード *21*
多重化伝送 *48*
多数キャリア *19*
多値符号 *50*
単側波帯伝送 *49*
単流方式 *109*

ち

チェーンメール *128*
チェックサム方式 *127*
直接変調方式 *55*
直流回路 *3*
直列共振回路 *15*

つ

対よりケーブル *47*
通信用ケーブル *82*
ツェナーダイオード *23*

て

デジタル署名 *129*
デジタル信号 *48*
デジタル伝送方式 *48*
デシベル *41*
データ信号速度 *108*
データリンク層 *93,111,119,*
電圧制御素子 *28*
電界効果トランジスタ *28*
電子認証 *129*
電磁誘導 *114*
伝送距離 *114*
伝送速度 *114*
伝送量 *41*
伝送路符号形式 *109*
電流伝達特性 *25*
電話共用型ADSLサービス *83*

と

同軸ケーブル *47*
盗聴と改ざん *129*
特性インピーダンス *45*
トランジスタ *24*
トランスポート層 *93,111,119*
トロイの木馬 *126*

な

ナイキスト速度 *108*
なりすまし *129*

ね

ネットワーク・アーキテクチャ *111*
ネットワークインタフェース層 *119,121*
ネットワーク層 *93,111,119*

は

バイアス電圧 *26*
バイポーラ形トランジスタ *28*
バイポーラ符号 *110*
倍率器 *6*
波形整形回路 *22*
パケットロス *88*
バス型 *89*
パターンマッチング *127*
ハッキング *130*
バックドア *130*
発光ダイオード *23*
パッシブ・ダブル・スター *115*
バッファオーバーフロー *130*
バナーチェック *131*
ハニーポット *131*
ハブ *92,93*
バリスタ *23*
パルス変調方式 *51*
反射 *45*
半導体 *18*
半二重通信 *108*
半波整流回路 *21*

ひ

光スプリッタ *115*
光スターカプラ *115*
光ファイバケーブル *82,100*
光ファイバ保護スリーブ *103*
光変調方式 *55*
ピーククリッパ *22*
非シールドより対線 *82,90,91*
ヒューリスティック方式 *127*
標本化 *52*
標的型攻撃 *128*

ふ

ファイアウォール *132*
フィッシング *130*
フェルール *104*
復号化 *52*
復調 *48*
複流方式 *109*
符号誤り時間率 *53*
符号化 *52*
物理層 *93,111,119*
負の温度係数 *18*
プライベート **IP** アドレス *125*
フラグシーケンス *112*
フラグメント化 *121*
フラグメントフォワード方式 *94*
フラグメントフリー方式 *94*
プラスチック光ファイバ *101*
フリーアクセスフロア *107*
プリアンブルフィールド *115*
ブリッジ *93*
ブリッジタップ *114*
ブルートフォース攻撃 *129*
プレゼンテーション層 *111,119*
フレネル反射 *104*
フレミングの法則 *16*
フロアダクト *107*
ブロードバンド伝送 *48*
ブロードバンドルータ *117,131*
分流器 *6*
踏み台 *128*

へ

平衡対ケーブル *47*
並列共振回路 *15*
ベース *24*
ベースクリッパ *22*
ベース接地 *26*
ベースバンド伝送方式 *48,109*
ベン図 *38*

変調 48
変調速度 108
変調方式 49,113

ほ

ボット 129
星形カッドよりケーブル 47
ホトダイオード 23
ポートスキャン 130

ま み む

マイクロベンディング損失 101
マクロウイルス 127
マルチ接続 114
マルチキャストアドレス 122
マルチモード型光ファイバケーブル 100
マンチェスタ符号 110
無線 LAN 98

め

メカニカルスプライス法 105
メタリックケーブル 82
メッセージ認証 129
メール爆弾 128

も

モジュラコード 82
モジュラジャック 82
モジュラプラグ 82
モード分散 101

ゆ

優先制御 87

融着接続 103
ユニキャストアドレス 122
ゆらぎ 87

り

リバースペア 97
リピータハブ 93
量子化 52
両側波帯伝送 49
リング型 89

る

ルータ 93,124
ルーチング 124
ルーチングテーブル 124

れ

レイリー散乱損失 101
レイヤ2スイッチ 93
レースウェイ 107

ろ

漏話減衰量 46
ローパスフィルタ 83
論理回路 29
論理式 32,37
論理積 32

わ

ワイヤプロテクタ 106
ワイヤマップ試験 97
ワーム 126
ワクチンソフトウエア 126

工事担任者
DD3種 合格テキスト

改 訂 版　　2019 年 4 月 25 日 発行

著　者　　資格試験研究会　編
発行者　　伊藤　由彦
印刷所　　尼崎印刷株式会社

発行所　　株式会社 梅田出版

〒530-0003　大阪市北区堂島2-1-27
　　　　　　TEL　06(4796)8611
　　　　　　FAX　06(4796)8612

DD3種 合格テキスト　解答

第1編
電気通信技術の基礎

工事担任者試験　過去問1　p.56

問1
(ア) ②　$I = \dfrac{10}{2} = 5$ [A]
$I_3 = \dfrac{R_2}{R_2+R_3} \times 5 = \left(\dfrac{3}{3+2}\right) \times 5 = 3$ [A]
$P = I_3^2 \times R_3 = 3^2 \times 2 = 9 \times 2 = 18$ [W]

(イ) ①　$Z = \sqrt{R^2 + X_L^2}$ [Ω] に代入
$Z = \sqrt{8^2 + 15^2} = 17$ [Ω]
$V = IZ$ [V] に代入
$V = 4 \times 17 = 68$ [V]

(ウ) ③

(エ) ②　$R = \dfrac{\rho \cdot l}{S} = \dfrac{\rho \cdot l}{\pi \left(\dfrac{1}{2}D\right)^2}$

l を9倍にしたとき抵抗 R が変わらないようにするためには、S を9倍にする必要がある。このとき、断面積 S は直径 D の2乗に比例するので導体の直径 D は3倍にすればよい。

問2
(ア) ②　(イ) ④　(ウ) ③　(エ) ④
(オ) ②　$I_B = 30$ [μA] $= 0.03$ [mA]
$I_C = I_E - I_B = 2.62 - 0.03 = 2.59$ [mA]

問3
(ア) ②

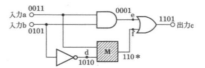

$A \cdot \overline{B} + B \cdot \overline{C} + \overline{B} \cdot C$

(イ) ①
```
      110101011 ……… X_1
AND) 101010101 ……… X_2
      100000001
```
$100000001 = \underset{2^8}{256} + 0+0+0+0+0+0+0+1 = 257$

(ウ) ③

図4の論理回路の入出力

入力	a	0	1	0	1	0	1	0	1
	b	1	0	0	0	1	1	0	1
出力	c	1	0	1	1	1	0	1	1

図4の論理回路の真理値表

入力	a	0	0	1	1
	b	0	1	0	1
出力	c	1	1	0	1

論理回路の入力 a, b, および出力 c に真理値表の論理レベルをそれぞれ代入する。

論理素子 M に関する真理値表

空欄Mの入力		ORの入力		出力
a	b	d	e	c
0	1	0	1	1
0	0	0	1	1
1	1	0	0	0
1	0	1	*	1

Mの入力　Mの出力（*は0または1）
NANDの関係

(エ) ①　$X = \overline{(A+\overline{B}) \cdot (B+\overline{C})} + \overline{(\overline{A}+B) \cdot (\overline{B}+C)}$
$= \overline{(A+\overline{B}+B+\overline{C})} + \overline{(\overline{A}+B+\overline{B}+C)}$
$= \overline{(A+1+\overline{C})} + \overline{(\overline{A}+1+C)}$
$= \overline{1} + \overline{1}$
$= 0 + 0$
$= 0$

〔補元の法則：$\overline{B}+B=1$, $B+\overline{B}=1$〕
〔恒等の法則：$A+1+\overline{C}=1$, $\overline{A}+1+C=1$〕
（$\overline{1}$ は、1 の否定なので 0 である）

問4
(ア) ①　$A = 10 \log_{10} \dfrac{2.2}{22} = -L + 8$ [dB]
$L = 10 + 8 = 18$ [dB]
電気通信回線全体（25 km + 5 km = 30 km）
18 [dB] $\div 30$ [km] $= 0.6$ [dB/km]

(イ) ③　(ウ) ③　(エ) ②

問5
(ア) ②　(イ) ①
(ウ) ②　8×10^3 [回/s] $\times x$ [bit/回] $= 64 \times 10^3$ [bit/s]
$x = 8$

(エ) ①　(オ) ①

- 1 -

工事担任者試験　過去問2　p.61

問1

(ア) ③
抵抗 R_1 にかかる電圧は V_1 は，
$V_1 = I_1 \times R_1 = 4 \times 2 = 8\,[\text{V}] \cdots ①$
また，抵抗 R_2 にかかる電圧は V_2 も $8\,[\text{V}]$
並列に接続されているので，電圧の値は同じ。
R_2 に流れる電流 $I_2 = \dfrac{V_2}{R_2} = \dfrac{8}{8} = 1\,[\text{A}]$
回路全体に流れる電流は，
$I_1 + I_2 = 4 + 1 = 5\,[\text{A}]$
抵抗 R_3 と R_4 にかかる電圧を $V_{34}\,[\text{V}]$ とする。
$\dfrac{V_{34}}{R_3} + \dfrac{V_{34}}{R_4} = 5\,[\text{A}]$
$\dfrac{3 \times V_{34} + 2 \times V_{34}}{12} = \dfrac{60}{12}$
$5 \times V_{34} = 60 \quad V_{34} = 12\,[\text{V}] \cdots ②$
電池 E の電圧の値は①＋②で，
$V_1 + V_{34} = 8 + 12 = 20\,[\text{V}]$

(イ) ② 最大電流値 $440\,[\text{mA}]$ の電流 I を測定するには回路図を変形させる。

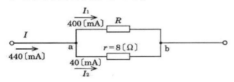

電流計の両端を a, b とし，電流計 r に加わる電圧 V を求める。　$V = I_2 r$ それぞれの値を代入
$V = 0.04 \times 8 = 0.32\,[\text{V}]$
R の抵抗値を求める。　a-b 間の電圧 V が $0.32\,[\text{V}]$，電流 I_1 が $400\,[\text{mA}]$ なので，
$R = \dfrac{V}{I_1}$ より $R = \dfrac{0.32}{0.4} = 0.8\,[\Omega]$

(ウ) ②　(エ) ①

問2

(ア) ②　(イ) ①　(ウ) ①　(エ) ③
(オ) ③　$I_E = I_B + I_C = 0.09 + 2.71 = 2.80\,[\text{mA}]$

問3

(ア) ③　$A \cdot \overline{B} \cdot C$
図1～図3に共通している斜線の領域を求める

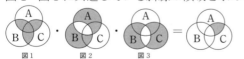

(イ) ②
```
   110111011 ──── X₁
+) 111011101 ──── X₂
  1110011000 ──── X₀
```
$1110011000 = 2^9 \times 1 + 2^8 \times 1 + 2^7 \times 1 + 2^6 \times 0 + 2^5 \times 0 + 2^4$
$\times 1 + 2^3 \times 1 + 2^2 \times 0 + 2^1 \times 0 + 2^0 \times 0$
$= 512 + 256 + 128 + 0 + 0 + 16 + 8 + 0 + 0$
$+ 0 = 920$

(ウ) ③

入　力	a	0	0	1	1	0	0	1	1
	b	0	1	0	1	0	1	0	1
出　力	c	0	1	1	1	0	1	1	1

図4の論理回路の直理値表

入　力	a	0	0	1	1
	b	0	1	0	1
出　力	c	0	1	1	1

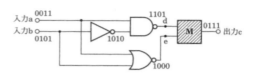

論理素子 M に関する真理値表

入力 a	b	空欄Mの入力 d	e	出力 c
0	0	1	1	0
0	1	1	0	1
1	0	0	0	1
1	1	1	0	1

Mの入出力 → NANDの関係

(エ) ①　$X = \overline{(\overline{A}+\overline{B}) \cdot (\overline{A}+C)} + \overline{(A+\overline{B}) \cdot (A+C)}$
$= \overline{(\overline{A}+\overline{B})} + \overline{(\overline{A}+C)} + \overline{A} \cdot \overline{\overline{B}} + \overline{A} \cdot \overline{C}$
$= \overline{\overline{A}} \cdot \overline{\overline{B}} + \overline{\overline{A}} \cdot \overline{C} + \overline{A} \cdot B + \overline{A} \cdot \overline{C}$
$= A \cdot B + A \cdot \overline{C} + \overline{A} \cdot B + \overline{A} \cdot \overline{C}$
$= B \cdot (A + \overline{A}) + \overline{C} \cdot (A + \overline{A})$
$= B \cdot 1 + \overline{C} \cdot 1$
$= B + \overline{C}$

[ド・モルガンの法則：$\overline{(\overline{A}+\overline{B}) \cdot (\overline{A}+C)} = \overline{(\overline{A}+\overline{B})} + \overline{(\overline{A}+C)}$,
　$\overline{(A+\overline{B})} = \overline{A} \cdot \overline{\overline{B}},\ \overline{(A+C)} = \overline{A} \cdot \overline{C}$]
[ド・モルガンの法則：$\overline{(\overline{A}+\overline{B})} = \overline{\overline{A}} \cdot \overline{\overline{B}},\ \overline{(\overline{A}+C)} = \overline{\overline{A}} \cdot \overline{C}$]
[復元の法則：$\overline{\overline{B}} = B$]
[復元の法則：$\overline{\overline{A}} = A,\ \overline{\overline{B}} = B$]
[交換の法則]
[補元の法則：$A + \overline{A} = 1$]
[恒等の法則：$B \cdot 1 = B,\ \overline{C} \cdot 1 = \overline{C}$]

問4

(ア) ②　$A = 10 \log_{10} \dfrac{P_O}{P_I} = -L + G\,[\text{dB}]$
$L = 40 + 0.9 = 36\,[\text{dB}]$
$A = 10 \log_{10} \dfrac{1.6}{160} = -36 + G\,[\text{dB}]$
$\rightarrow 10 \log_{10} 10^{-2} = -36 + G \quad \rightarrow -20 = -36 + G$
$G = 36 - 20 = 16\,[\text{dB}]$

(イ) ②　(ウ) ④　(エ) ①

問5

(ア) ②　(イ) ①　(ウ) ③　(エ) ③　(オ) ①

工事担任者試験　過去問3　p.65

問1

（ア）②　$V_i = 0.02 [A] \times 100 [\Omega] = 2 [V]$
$V_{ii} = 15 [V] - 2 [V] = 13 [V]$
$V_{iii} = 0.002 [A] \times 200 [\Omega] = 0.4 [V]$
$V_2 = 13 [V] - 0.4 [V] = 12.6 [V]$
$R_2 = \dfrac{V_2}{I_2} = \dfrac{12.6 [V]}{0.002 [A]} = 6,300 [\Omega] = 6.3 [k\Omega]$

（イ）①　$Z = \sqrt{(X_L - X_C)^2} = \sqrt{(8-4)^2} = \sqrt{4^2} = 4 [\Omega]$
$V = IZ = 4 \times 4 = 16 [V]$

（ウ）②　$R = NI/\phi [A/Wb]$　　$F (= NI)$ で表すと
$\phi = \dfrac{F}{R}$

（エ）③

問2

（ア）③
（イ）②
（ウ）①
（エ）①
（オ）②　$\triangle I_C$ に 1.96 [mA]，$\triangle I_E$ に 2 [mA]
$\alpha = \dfrac{\triangle I_C}{\triangle I_E} = \dfrac{1.96}{2} = 0.98$

問3

（ア）③　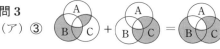

（イ）②　$11101 = 2^4 \times 1 + 2^3 \times 1 + 2^2 \times 1 + 2^1 \times 0 + 2^0 \times 1$
$= 16 + 8 + 4 + 0 + 1$
$= 29$

（ウ）④

図4の論理回路の入出力

入　力	a	0	0	1	1	0	0	1	1
	b	0	1	0	1	0	1	0	1
出　力	c	1	0	1	0	1	0	1	0

図4の論理回路の真理値表

入　力	a	0	0	1	1
	b	0	1	0	1
出　力	c	1	0	1	0

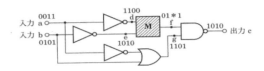

論理素子Mの入出力に関する真理値表

空欄Mの入力		NANDの入力		出力
d	e	f	g	c
1	1	0	1	1
1	0	1	1	0
0	1	*	0	1
0	0	1	1	0

Mの入力　Mの出力（*は0または1）
NANDの関係

（エ）①　$X = \overline{(A+\overline{C})} \cdot \overline{(\overline{B}+C)} + \overline{(\overline{A}+C)} \cdot \overline{(B+\overline{C})}$
$= (\overline{A} \cdot \overline{\overline{C}}) \cdot (\overline{\overline{B}} \cdot \overline{C}) + (\overline{\overline{A}} \cdot \overline{C}) \cdot (\overline{B} \cdot \overline{\overline{C}})$
$= (\overline{A} \cdot C \cdot B \cdot \overline{C}) + (A \cdot \overline{C} \cdot \overline{B} \cdot C)$
$= (\overline{A} \cdot B \cdot 0 + A \cdot \overline{B} \cdot 0)$
$= 0 + 0$
$= 0$

〔ド・モルガンの法則：$\overline{(A+\overline{C})} = \overline{A} \cdot \overline{\overline{C}}$，$\overline{(\overline{B}+C)} = \overline{\overline{B}} \cdot \overline{C}$
　　　　　　　　　$\overline{(\overline{A}+C)} = \overline{\overline{A}} \cdot \overline{C}$，$\overline{(B+\overline{C})} = \overline{B} \cdot \overline{\overline{C}}$〕
〔復元の法則：$\overline{\overline{C}} = C$，$\overline{\overline{B}} = B$，$\overline{\overline{A}} = A$〕
〔補元の法則：$C \cdot \overline{C} = 0$，$\overline{C} \cdot C = 0$〕〔交換の法則〕
〔恒等の法則：$\overline{A} \cdot B \cdot 0 = 0$，$A \cdot \overline{B} \cdot 0 = 0$〕

問4

（ア）②　伝送量 $A [dB]$ は，
$A = 10 \log_{10} \dfrac{P_o}{P_1} = -L + G [dB]$
$A = 10 \log_{10} \dfrac{2.7}{27} = -L + 14 [dB]$
$L = 10 + 14 = 24 [dB]$

1km 当たりの伝送損失は，
$24 [dB] \div 30 [km] = 0.8 [dB/km]$

（イ）③
（ウ）①
（エ）②　$10 = 10 \log_{10} \dfrac{P}{1} \rightarrow 1 = \log_{10} P$　　$P = 10 [mW]$

問5

（ア）②
（イ）①
（ウ）②
（エ）③
（オ）③

工事担任者試験　過去問4　p.71

問1

(ア) ③ $R_{de} = \dfrac{12 \times 6}{12+6} = \dfrac{72}{18} = 4\,[\Omega]$

$R_{ce} = 8 + 4 = 12\,[\Omega]$

$R_{cf} = \dfrac{12 \times 4}{12+4} = \dfrac{48}{16} = 3\,[\Omega]$

$R_{ab} = 7 + 3 = 10\,[\Omega]$

(イ) ② $Z = \sqrt{(X_L - X_C)^2} = \sqrt{(12-3)^2} = \sqrt{9^2} = 9\,[\Omega]$

$I = \dfrac{V}{Z} = \dfrac{45}{9} = 5\,[A]$

(ウ) ①　　(エ) ②

問2

(ア) ③　　(イ) ②　　(ウ) ③　　(エ) ④

(オ) ② $I_E = I_B + I_C$

$I_B = I_E - I_C = 2.52 - 2.48 = 0.04\,[mA] = 40\,[\mu A]$

問3

(ア) ② $\overline{A} \cdot C + B \cdot \overline{C} + \overline{B} \cdot C$

まず $\overline{A} \cdot C$ の範囲を解く

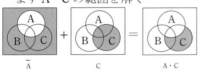

次に $B \cdot \overline{C}$ の範囲

$\overline{B} \cdot C$ の範囲

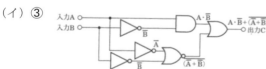

(イ) ③

(ウ) ③　図4の論理回路の入出力

入力	a	0	0	1	1	0	0	1	1
	b	0	1	0	1	0	1	0	1
出力	c	1	0	1	1	1	0	1	1

図4の論理回路の真理値表

入力	a	0	0	1	1
	b	0	1	0	1
出力	c	1	0	1	1

論理回路の入力a, b, および出力cに真理値表の論理レベルをそれぞれ代入する。

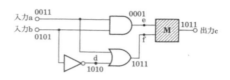

論理素子Mに関する真理値表

入力		空欄Mの入力		出力
a	b	e	f	c
0	0	0	1	1
0	1	0	0	0
1	0	0	1	1
1	1	1	1	1

Mの入出力 → ORの関係

(エ) ② $X = (\overline{A} + B) \cdot (B + \overline{C}) + (A + B) \cdot (\overline{A} + \overline{C})$

$= \overline{A} \cdot B + \overline{A} \cdot \overline{C} + B \cdot B + B \cdot \overline{C} + A \cdot \overline{A} + A \cdot \overline{C} + B \cdot \overline{A} + B \cdot \overline{C}$

$= \overline{A} \cdot B + \overline{A} \cdot \overline{C} + B + B \cdot \overline{C} + 0 + A \cdot \overline{C} + \overline{A} \cdot B$

$= \overline{A} \cdot B + \overline{A} \cdot \overline{C} + B + B \cdot \overline{C} + A \cdot \overline{C}$

$= B \cdot (\overline{A} + 1 + \overline{C}) + \overline{C} \cdot (\overline{A} + A)$

$= B \cdot 1 + \overline{C} \cdot 1$

$= B + \overline{C}$

〔同一の法則：$B \cdot B = B$,　$B \cdot \overline{C} + B \cdot \overline{C} = B \cdot \overline{C}$〕
〔補元の法則：$A \cdot \overline{A} = 0$〕〔交換の法則〕
〔同一の法則：$\overline{A} \cdot B + \overline{A} \cdot B = \overline{A} \cdot B$〕
〔恒等の法則：$B \cdot \overline{C} + 0 = B \cdot \overline{C}$〕
〔交換の法則〕
〔恒等の法則：$\overline{A} + 1 + \overline{C} = 1$〕〔補元の法則：$\overline{A} + A = 1$〕
〔恒等の法則：$B \cdot 1 = B$,　$\overline{C} \cdot 1 = \overline{C}$〕

問4

(ア) ③　伝送損失 $L = 40 \times 0.8 = 32\,[dB]$

伝送量 $A = 10\,log_{10}\dfrac{1.6}{160} = -32 + G\,[dB]$

$\to 10 \times (-2) = -32 + G$

$G = 32 - 20 = 12\,[dB]$

(イ) ②　　(ウ) ③　　(エ) ①

問5

(ア) ①　　(イ) ②

(ウ) ① $8 \times 10^3\,[回/s] \times x\,[bit/回] = 64 \times 10^3\,[bit/s]$

$x = 8$

(エ) ③　　(オ) ②

- 4 -

工事担任者試験　過去問5

問1

(ア) ③　$\dfrac{1}{R_i} = \dfrac{1}{6} + \dfrac{1}{2} + \dfrac{1}{6} = \dfrac{1+3+1}{6} = \dfrac{5}{6}$

$5R_i = 6$　　$R_i = \dfrac{6}{5}$

$\dfrac{1}{R_{ii}} = \dfrac{1}{3} + \dfrac{1}{3} + \dfrac{1}{6} = \dfrac{2+2+1}{6} = \dfrac{5}{6}$

$5R_{ii} = 6$　　$R_{ii} = \dfrac{6}{5}$

$R_{ab} = R_i + R_{ii} = \dfrac{6}{5} + \dfrac{6}{5} = \dfrac{12}{5} = 2.4$〔Ω〕

(イ) ②　$Z = \sqrt{R^2 + X_C^2}$〔Ω〕

$Z = \sqrt{1.2^2 + 0.5^2} = \sqrt{1.44 + 0.25} = \sqrt{1.69} = 1.3$〔Ω〕

$V_{ab} = IZ$〔V〕　　$V_{ab} = 6.0 \times 1.3 = 7.8$〔V〕

(ウ) ①

$R = NI/\phi$〔A/Wb〕 起磁力を $F(=NI)$ で表すと

$\phi = \dfrac{F}{R}$

(エ) ②　両者の間には引き合う力が働く。

問2

(ア) ①　(イ) ③　(ウ) ③　(エ) ①

(オ) ②　$I_E = I_B + I_C$

$I_C = I_E - I_B = 2.62 - 0.04 = 2.58$〔mA〕

問3

(ア) ③　共通して斜線になっている領域を求める。

(イ) ②
```
   110001100 ……… X₁
 +)101010101 ……… X₂
  1011100001 ……… X₀
```

$1011100001 = 2^9 \times 1 + 2^8 \times 0 + 2^7 \times 1 + 2^6 \times 1 + 2^5 \times 1 + 2^4$
$\times 0 + 2^3 \times 0 + 2^2 \times 0 + 2^1 \times 0 + 2^0 \times 1$
$= 512 + 0 + 128 + 64 + 32 + 0 + 0 + 0 + 0 + 1$
$= 737$

(ウ) ③　入出力の関係を表で示すと表1のようになる。この表を整理して入力a，入力b，出力cの論理レベルの関係を表した真理値表を作成すると，表2のようになる。

表1　論理回路の入出力

入力	a	0	0	1	1	0	0	1	1
	b	0	1	0	1	0	1	0	1
出力	c	1	0	1	0	1	0	1	0

表2　論理回路の真理値表

入力	a	0	0	1	1
	b	0	1	0	1
出力	c	1	0	1	0

真理値表の論理レベルをそれぞれ代入し，結果から論理素子Mの入出力に関する真理値表を作成するとMに該当する論理素子は③のNANDである。

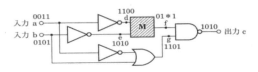

論理素子Mに関する真理値表

空欄Mの入力		NANDの入力		出力
d	e	f	g	c
1	1	0	1	1
1	0	1	1	0
0	1	*	0	1
0	0	1	1	0

Mの入力　Mの出力（*は0または1）
NANDの関係

(エ) ②　$X = (A+B) \cdot (A+\overline{C}) + (\overline{\overline{A}+\overline{B}}) \cdot (\overline{\overline{A} \cdot C})$
$= A \cdot A + A \cdot \overline{C} + B \cdot A + B \cdot \overline{C} + (\overline{\overline{A}+\overline{B}})$
$\quad + (\overline{\overline{A}} + \overline{C})$
$= A + A \cdot \overline{C} + B \cdot A + B \cdot \overline{C} + (A+B) +$
$\quad (A+\overline{C})$
$= A + A \cdot \overline{C} + B \cdot A + B \cdot \overline{C} + B + \overline{C}$
$= A \cdot (1+\overline{C}+B) + B + \overline{C} \cdot (B+1)$
$= A \cdot 1 + B + \overline{C} \cdot 1$
$= A + B + \overline{C}$

〔ド・モルガンの法則：$\overline{(A+B)} = \overline{A} \cdot \overline{B}$,
　　　　　　　　　$\overline{(A \cdot C)} = \overline{A} + \overline{C}$〕〔分配の法則〕

〔同一の法則：$A \cdot A = A$〕

〔復元の法則：$\overline{\overline{A}} = A, \overline{\overline{B}} = B$〕

〔同一の法則：$A + A + A = A$〕
〔交換の法則〕
〔恒等の法則：$1 + \overline{C} + B = 1, B+1=1$〕
〔恒等の法則：$A \cdot 1 = A, \overline{C} \cdot 1 = \overline{C}$〕

問4

(ア) ①　$A = 10 \log_{10} \dfrac{2.2}{22} = -L + 8$〔dB〕

$A = 10 \log_{10} \dfrac{1}{10} = -L + 8$〔dB〕

$L = 10 + 8 = 18$〔dB〕

電気通信回線全体（20km+10km=30km）の伝送損失が18dBであるから，1km当たりの伝送損失は，18〔dB〕÷30〔km〕=0.6〔dB/km〕

(イ) ③　(ウ) ③　(エ) ②

問5

(ア) ③　(イ) ②　(ウ) ①　(エ) ②　(オ) ①

<table>
<tr><th>第2編
端末設備の接続のための技術及び理論</th><th>第3編
端末設備の接続に関する法規</th></tr>
</table>

第2編 端末設備の接続のための技術及び理論

工事担任者試験　過去問1　p.132

問1（ア）①　（イ）③　（ウ）②　（エ）②　（オ）①

問2（ア）②　（イ）③　（ウ）①　（エ）③　（オ）①

問3（ア）①　（イ）②　（ウ）①　（エ）②　（オ）①

問4（ア）①　（イ）②　（ウ）③　（エ）①　（オ）①

工事担任者試験　過去問2　p.136

問1（ア）①　（イ）③　（ウ）①　（エ）②　（オ）③

問2（ア）③　（イ）②　（ウ）①　（エ）③　（オ）①

問3（ア）③　（イ）①　（ウ）②　（エ）①　（オ）①

問4（ア）②　（イ）①　（ウ）①　（エ）①　（オ）①

工事担任者試験　過去問3　p.140

問1（ア）②　（イ）③　（ウ）②　（エ）②　（オ）③

問2（ア）①　（イ）③　（ウ）③　（エ）①　（オ）①

問3（ア）②　（イ）①　（ウ）③　（エ）①　（オ）①

問4（ア）③　（イ）②　（ウ）④　（エ）①　（オ）①

工事担任者試験　過去問4　p.146

問1（ア）②　（イ）③　（ウ）④　（エ）②　（オ）①

問2（ア）①　（イ）②　（ウ）③　（エ）①　（オ）①

問3（ア）①　（イ）①　（ウ）③　（エ）④　（オ）①

問4（ア）②　（イ）①　（ウ）①　（エ）③　（オ）②

工事担任者試験　過去問5　p.155

問1（ア）①　（イ）①　（ウ）③　（エ）②　（オ）①

問2（ア）①　（イ）②　（ウ）③　（エ）①　（オ）①

問3（ア）②　（イ）①　（ウ）②　（エ）①　（オ）①

問4（ア）①　（イ）③　（ウ）①　（エ）③　（オ）①

第3編 端末設備の接続に関する法規

工事担任者試験　過去問1　p.185

問1

（ア）③　電気通信事業法 第2条（定義）及び電気
　　　　通信事業法施行規則 第2条（用語）

（イ）①　電気通信事業法 第3条（検閲の禁止）
　　　　及び 第4条（秘密の保護）

（ウ）①　電気通信事業法 第1条（目的）

（エ）②　電気通信事業法 第71条第1項
　　　　（工事担任者による工事の実施及び監督）

（オ）②　電気通信事業法 第8条（重要通信の確保）
　　　　第1項

問2

（ア）②　工事担任者規則 第4条
　　　　（資格者証の種類及び工事の範囲）

（イ）③　端末機器の技術基準適合認定等に関する
　　　　規則第10条（表示）

（ウ）③　有線電気通信法 第1条（目的）及び
　　　　第5条（技術基準）

（エ）①　有線電気通信設備令 第1条（定義）

（オ）①　不正アクセス行為の禁止等に関する法律
　　　　第2条（定義）第1項

問3

（ア）②　端末設備等規則 第2条（定義）

（イ）③　端末設備等規則 第2条（定義）第2項
　　　　第二十二号

（ウ）①　端末設備等規則 第7条（過大音響衝撃の
　　　　発生防止）

（エ）③　端末設備等規則 第6条（絶縁抵抗等）

（オ）②　端末設備等規則 第8条　第二号
　　　　（配線設備等）

問4

（ア）①　端末設備等規則 第4条（漏えいする通信
　　　　の識別禁止），第5条（鳴音の発生防止），
　　　　第8条（配線設備等）

（イ）②　端末設備等規則 第9条（端末設備内におい
　　　　て電波を使用する端末設備）

（ウ）①　端末設備等規則 第12条（選択信号の条件）

（エ）③　端末設備等規則 第17条（基本的機能）
　　　　及び 第18条第二号（発信の機能）

（オ）①　端末設備等規則 第34条の8（電気的条件等）
　　　　第2項

工事担任者試験　過去問2　p.189

問 1

(ア) ① 電気通信事業法 第2条(定義)，同法第9条 (電気通信事業の登録) 及び電気通信事業法施行規則 第2条(用語)

(イ) ③ 電気通信事業法 第71条 (工事担任者による工事の実施及び監督) 及び第72条 (工事担任者資格者証)

(ウ) ③ 電気通信事業法第72条(工事担任者資格者証) 第2項で準用する同法 第46条(電気通信主任技術者資格者証) 第3項

(エ) ① 電気通信事業法 第69条 (端末設備の接続の検査) 第3項

(オ) ② 電気通信事業法第29条 (業務の改善命令) 第1項第二号

問 2

(ア) ③ 工事担任者規則 第4条 (資格者証の種類及び工事の範囲)

(イ) ① 端末機器の技術基準適合認定等に関する規則 第10条(表示)

(ウ) ② 有線電気通信法 第3条 (有線電気通信設備の届出) 第1項

(エ) ① 有線電気通信設備令 第1条(定義)

(オ) ② 不正アクセス行為の禁止等に関する法律 第2条(定義) 第3項

問 3

(ア) ① 端末設備等規則 第2条(定義) 第2項

(イ) ② 端末設備等規則 第3条(責任の分界)

(ウ) ③ 端末設備等規則 第9条(端末設備内において電波を使用する端末設備)

(エ) ① 端末設備等規則 第6条(絶縁抵抗等) 第1項第一号

(オ) ② 端末設備等規則 第8条 (配線設備等) 第一号

問 4

(ア) ③ 端末設備等規則 第17条(基本的機能)

(イ) ③ 端末設備等規則 第4条(漏えいする通信の識別禁止) 及び第7条 〔過大音響衝撃の発生防止〕

(ウ) ② 端末設備等規則 第12条の2 (緊急通報機能)

(エ) ② 端末設備等規則 第5条(鳴音の発生防止)、第6条(絶縁抵抗等) 及び 第8条 (配線設備等)

(オ) ① 端末設備等規則 第34条の9 (漏話減衰量)

工事担任者試験　過去問3　p.193

問 1

(ア) ③ 電気通信事業法 第2条(定義) 第52条(端末設備の接続の技術基準) 及び電気通信事業法施行規則 第2条(用語)

(イ) ③ 電気通信事業法 第4条 (秘密の保護) 及び第6条 (利用の公平)

(ウ) ① 電気通信事業法 第70条 (自営電気通信設備の接続) 第1項

(エ) ① 電気通信事業法 第55条 (表示が付されていないものとみなす場合) 第1項

(オ) ② 電気通信事業法第72条(工事担任者資格者証) 第2項で準用する同法 第46条(電気通信主任技術者資格者証) 第3項

問 2

(ア) ③ 工事担任者規則 第4条 (資格者証の種類及び工事の範囲)

(イ) ③ 端末機器の技術基準適合認定等に関する規則 第10条(表示) 第1項第七号の注4

(ウ) ② 有線電気通信法 第1条 (目的) 及び第5条 (技術基準)

(エ) ② 有線電気通信設備令 第1条(定義)

(オ) ① 不正アクセス行為の禁止等に関する法律 第1条(目的)

問 3

(ア) ③ 端末設備等規則 第2条(定義) 第2項

(イ) ② 端末設備等規則 第3条(責任の分界) 第1項

(ウ) ① 端末設備等規則 第4条(漏えいする通信の識別禁止) 及び第7条(過大音響衝撃の発生防止)

(エ) ③ 端末設備等規則 第5条(鳴音の発生防止)，第6条(絶縁抵抗等) 及び第8条(配線設備等)

(オ) ① 端末設備等規則 第9条 (端末設備内において電波を使用する端末設備) 第二号

問 4

(ア) ③ 端末設備等規則 第32条の11 (発信の機能) 第32条の12 (送信タイミング)

(イ) ① 端末設備等規則 第8条(配線設備等) 第四号

(ウ) ② 端末設備等規則 第12条(選択信号の条件) 別表第2号 (押しボタンダイヤル信号の条件)

(エ) ② 端末設備等規則 第6条 (絶縁抵抗等)

(オ) ① 端末設備等規則 第2条 定義 第二号

工事担任者試験　過去問 4　p.197	工事担任者試験　過去問 5　p.201

過去問 4（左列）

問 1

（ア）② 電気通信事業法 第 2 条 第三号、

（イ）③ 電気通信事業法 第 71 条（工事担当者による工事の実施及び監督）及び 第 72 条（工事担任者資格者証）

（ウ）② 電気通信事業法第 52 条（端末設備の接続の技術基準）第 1 項

（エ）③ 電気通信事業法 第 69 条（端末設備の接続の検査）第 3 項

（オ）① 電気通信事業法 第 29 条（業務の改善命令）第 1 項 第二号

問 2

（ア）① 工事担任者規則 第 4 条（資格者証の種類及び工事の範囲）

（イ）② 端末機器の技術基準適合認定等に関する規則 第 10 条（表示）第 1 項第七号

（ウ）② 有線電気通信法 第 1 条（目的）

（エ）① 有線電気通信設備令 第 1 条（定義）

（オ）③ 不正アクセス行為の禁止等に関する法律 第 2 条（定義）第 3 項

問 3

（ア）① 端末設備等規則 第 2 条（定義）第 2 項

（イ）② 端末設備等規則 第 6 条（絶縁抵抗等）第 1 項第一号

（ウ）② 端末設備等規則 第 3 条（責任の分界），第 4 条（漏えいする通信の識別禁止）及び第 8 条（配線設備等）

（エ）① 端末設備等規則 第 7 条（過大音響衝撃の発生防止）

（オ）③ 端末設備等規則 第 9 条（端末設備内において電波を使用する端末設備）第三号

問 4

（ア）③ 端末設備等規則 第 9 条（端末設備内において電波を使用する端末設備）

（イ）② 端末設備等規則 第 12 条（選択信号の条件）第二号に基づく別表第二号

（ウ）① 端末設備等規則 第 2 条（定義）第 2 項第二十一号

（エ）③ 端末設備等規則 第 8 条（配線設備等）第一号

（オ）① 端末設備等規則 第 34 条の 8（電気的条件等）第 1 項

過去問 5（右列）

問 1

（ア）③ 電気通信事業法 第 2 条（定義）及び電気通信事業法施行規則 第 2 条（用語）

（イ）① 電気通信事業法 第 3 条（検閲の禁止）第 4 条（秘密の保護）及び 第 6 条（利用の公平）

（ウ）② 電気通信事業法 第 72 条（工事担任者資格者証）第 2 項で準用する第 46 条（電気通信主任技術者資格者証）

（エ）③ 電気通信事業法 第 70 条（自営電気通信設備の接続）第 1 項

（オ）① 電気通信事業法 第 71 条（工事担任者による工事の実施及び監督）第 1 項

問 2

（ア）① 工事担任者規則 第 4 条（資格者証の種類及び工事の範囲）

（イ）③ 端末機器の技術基準適合認定等に関する規則 第 10 条（表示）第 1 項第七号

（ウ）① 有線電気通信法 第 6 条（設備の検査等）第 1 項

（エ）② 有線電気通信設備令 第 1 条（定義）

（オ）② 不正アクセス行為の禁止等に関する法律 第 2 条（定義）第 1 項

問 3

（ア）① 端末設備等規則 第 2 条（定義）第 2 項

（イ）③ 端末設備等規則 第 4 条（漏えいする通信の識別禁止）

（ウ）① 端末設備等規則 第 9 条（端末設備内において電波を使用する端末設備）第一号

（エ）② 端末設備等規則 第 8 条（配線設備等）第二号

（オ）② 端末設備等規則 第 6 条（絶縁抵抗等）

問 4

（ア）② 端末設備等規則 第 12 条（選択信号の条件）第二号に基づく別表第二号（押しボタンダイヤル信号の条件）

（イ）② 端末設備等規則 第 32 条の 11（発信の機能）及び第 32 条の 12（送信のタイミング）

（ウ）③ 端末設備等規則 第 7 条（過大音響衝撃の発生防止）

（エ）④ 端末設備等規則 第 2 条（定義）第 2 項第二十号

（オ）① 端末設備等規則 第 34 条の 8（電気的条件等）及び 34 条の 9（漏話減衰量）